智能化装配式建筑

INTELLIGENT PREFABRICATED BUILDING

BIMBOX 组编

机械工业出版社
CHINA MACHINE PRESS

本书记录了上海宝业中心的诞生。既展示了一栋建筑的先进建造技术，也讲述了很多技术背后的故事。

本书内容架构为序幕，把对城市的热爱注入设计，创新精神：装配式、外围护，设计之内的设计，更节能、更舒适，聪明的员工之家，建筑是遗憾的艺术。

书中会涉及企业管理、规划设计、绿色建筑设计、智能设备设计、装配式建造与安装等内容，供行业人员参考和学习。

图书在版编目（CIP）数据

智能化装配式建筑 / BIMBOX 组编 .—北京 : 机械工业出版社 , 2020.8

ISBN 978-7-111-66191-7

Ⅰ. ①智…　Ⅱ. ① B…　Ⅲ. ①智能化建筑—装配式构件
Ⅳ. ① TU18

中国版本图书馆 CIP 数据核字（2020）第 134174 号

机械工业出版社（北京市百万庄大街 22 号邮政编码 100037）
策划编辑：张　晶　责任编辑：张　晶　范秋涛
责任校对：刘时光　封面设计：张　静
责任印制：孙　炜
保定市中画美凯印刷有限公司印刷
2020 年 11 月第 1 版第 1 次印刷
185mm × 235mm · 11 印张 · 254 千字
标准书号：ISBN 978-7-111-66191-7
定价：69.00 元

电话服务　　　　　　　　网络服务
客服电话：010-88361066　机　工　官　网：www.cmpbook.com
　　　　　010-88379833　机　工　官　博：weibo.com/cmp1952
　　　　　010-68326294　金　　书　　网：www.golden-book.com
封底无防伪标均为盗版　　机工教育服务网：www.cmpedu.com

序一

2009年，“虹桥商务区”设立，依托虹桥综合枢纽的地理便捷性以及大商务、大会展的区域定位，虹桥这个小区域成了上海人眼中的“大虹桥”。真可谓“一桥飞架南北、天堑变通途”，几乎所有以虹桥为圆心、频繁进出上海的“长三角人”都把这个“地理枢纽”看成某种未来的“精神枢纽”，持续加仓、果断落子，大家在这里对未来充满探索的想象。

2012年，宝业集团在虹桥商务区南区购买土地，启动上海宝业中心建设，布局“宝业建筑科创中心”这一澎湃构想。虹桥是座“桥”，柯桥也是座“桥”，宝业真的和“桥”有缘。45年前从绍兴杨汛桥起步，45年后在虹桥腾飞。甚至上海宝业中心的设计方案，也是遵从了不忘初心、方得始终的传统。设计灵感来自素有“桥乡”美誉的绍兴“杨汛大桥”，通过水与桥的元素巧妙抽取及置换，整个上海宝业中心仿佛“凌波微步”的一朵白莲，架空而生。

2017年，历经5个春秋及建设过程中的各种风风雨雨，上海宝业中心终于落成。宝业上海团队举办了盛大的搬迁仪式，以不同颜色相区分的几支员工小分队从不同方向，从静安区奔跑到大虹桥，集细流、汇大河。就好像这栋“品”字形外观的建筑一样，三栋独立的建筑因为廊桥的巧妙“连接”，才显得不再孤芳自赏，而是跨越了专业边界、注入了某种意蕴。

一栋建筑，一栋注入了新思想、新理念、新材料、新方法的绿色、科技、智慧型建筑，一栋寄托着宝业人建筑工业化梦想、绿色生态追求、科技赋能愿景的新建筑，一定是凝聚了团队集体智慧、突破了产业传统套路、引发了许多启示思考的空间载体。让我们感觉骄傲的是，在随后的很长时间里，这里都在迎接络绎不绝的政府领导、同行伙伴、战略客户、行业大咖以及各路建筑师、工程师、媒体记者、新生代青年人对这栋建筑进行各种观摩及“品评”，成为真正连接人与文化的一个载体。在虹桥商务区这个长三角一体化核心，以这么小的建筑体量，却容纳承载了这么多对于未来建筑的使命与想象，确实超乎我们意料。

但未来，我们不会止步。假如人是万物的尺度，是追求卓越的源泉，那么我们需要从建筑功能、建筑艺术、建筑技术这三个维度的融合上，不断回望这栋建筑的宏观与细节，不断总结“宝业，连接美好生活”的愿景需要我们在建筑工业化这条康庄大道上，还能做点什么、还能突破什么、还能呈现什么。

世间本无完美，知道缺憾、方能精进。希望通过这本关于“上海宝业中心”的小书，立体呈现这栋建筑跨界融合、连接而生的诸多侧面。未来，我们将在这个建筑科创中心里，充分连接、继续跨越，为中国建造披荆斩棘，为城市的天际线及发展肌理奉献宝业创新的“星星之火”。

宝业集团副总经理、上海公司总经理　夏锋

序二

在新技术日新月异的时代，我们该怎样理解一个建筑？

是看它的设计风格，还是看它的管理思想？是看它使用了哪些材料，还是看它应用了什么技术？

当你在远处看一个建筑的建造过程，恐怕只能蜻蜓点水地知晓个大概；而若是走得太近，又难免只看到它局限的一面。

这本书记录了我国众多“好建筑”之一，上海宝业中心的诞生。它的身上围绕着很多光环，最美装配式建筑、最好的GRC外幕墙探索、国家绿色建筑三星认证、LEED金级认证、AAP美国建筑奖、WA Award等。而如果我们仅仅罗列这些光环，读者看到也仅仅是一些冰冷的结果。

我们该怎样理解一个建筑？

一栋建筑，无论是它美观的外表、舒适的内装，还是它绿色的性能、智慧的科技，背后都是人，正是人的思考和探索，才最终汇聚成一篇凝固的乐章。

本书准备讲述给你的，不仅仅是推动现代建筑技术发展的“黑科技”，也会讲述科技背后那些人的故事。

规划设计的时候，年轻的设计师是怎么思考的？站在甲方的视角，业主们是怎样选择和管理技术的？绿色建筑获奖的背后，人们是怎样思考节能和舒适的？又该应用哪些智能设备来让一栋建筑“天生丽质”的同时又能“冰雪聪明”？一个复杂的工程，参与各方又是怎样走到一起，配合到一处的？

好的建筑永远是技术和人文的有机结合，技术让人文关怀得到落地，人文让技术思想得到升华。这本书要讲述给你的，就是这二者的融通之道。

BIMBOX采访组

序一

序二

第四章

设计之内的设计

第五章

更节能、更舒适

第六章

聪明的『员工之家』

第一章

序幕

第一节

庞宝根与宝业的逐梦之旅

当参观完上海宝业中心后，我们最感兴趣的并不是项目本身，而是项目背后深藏在企业中的那些核心要素。那些核心要素如同商鞅变法、秦国崛起，如果仅看秦国变法后的繁荣而不分析秦国变法的实质，则很难去理解秦国的繁荣。因此，我们决定对宝业这家企业刨根问底，挖挖企业的故事、挖挖企业领导人庞宝根的故事，站在企业的角度上，大家可能会对上海宝业中心项目的成功会有更大的启发。

鼠标加水泥、建造到制造：走向无人区

庞宝根生于1957年，浙江绍兴人，经历过建国初期最艰难的时光，1977年被调入绍兴县杨汛桥人民公社修建服务队，这是宝业集团的前身。

20世纪50年代出生的人往往不畏艰辛、踏实努力。庞宝根在工作岗位上兢兢业业、勤勤恳恳，八年一晃而过。1985年的时候，不到30岁的他成为了企业法人代表。

20世纪80年代初，国家对搞活建筑业非常重视，出台了一系列重要指示和决策，如简政放权、政企分开，将建筑业发展摆在国民经济发展的重要位置上，积极推行住宅商品化。

1984年以后，很多国营施工企业逐步实行经理负责制，向市场化靠拢。1985年，全国各类勘察机构已达3000多个，勘察设计人员超过30万人。但是，20世纪80年代的建筑业并不乐观。那时没有混凝土泵，靠人力；楼太高，没有垂直运输工具，靠人力；安全意识

▲ 浙江宝业建筑构件有限公司工厂

▲ 1994年公司创办了绍兴市首家自动化大型建筑构件生产线（PC工厂）

非常薄弱，事故很多，没有水准仪，靠人力；没有机械设备，靠人力。可以说，施工现场很落后。

当时的庞宝根每晚10点后，都要带着工人们到现场搅拌水泥，连续作业20小时。庞宝根回忆道："那时，一个高温天就让很多民工中暑，一道不干净的食堂菜就让他们腹泻虚脱……总感觉建筑有一种不好的味道，社会上不良的影响都是建筑业带出来的——远看是要饭的，近看是搞建筑的。"从那时起，庞宝根就有一个想法：能不能把建筑工人转变成产业工人，解放建筑业的劳动力。

后来，庞宝根就暗下决心，要走建筑工业化的路子。直到现在每次谈到装配式建筑，庞宝根总是很自豪地说："我们没有错，我们深耕20年了。"查看宝业历史，发现早在1994年，宝业集团就创办了绍兴第一家自动化大型建筑构件生产基地。

说起装配式建筑，我国从20世纪50年代就开始发展装配式建筑，1957年在北京进行了装配式大型砖砌块试验住宅建设。1962年，人民日报还在头版专门刊发了梁思成的《从拖泥带水到干净利索》。我国在20世纪70年代、80年代建造了很多体系的装配式建

人民日报

REN MIN RI BAO

1948年6月15日创刊 第5175号

1962年9月 9 星期日

今日北京开印时间2时58分

人民日报

从拖泥带水到干净利索

◀ 人民日报在头版专门刊发了梁思成的《从拖泥带水到干净利索》

筑，其中装配式混凝土空心大板体系是典型代表。

可惜的是，当时技术体系并不成熟，装配式混凝土空心大板建筑在隔声、隔热、防水上出现了问题，而且还发生了不少倒塌事件，后来就被国家禁止了。不少城市也相继下令禁止使用预制空心楼板，一律改用现浇混凝土结构，给预制构件行业带来沉重的打击，装配式建筑行业一度跌到悬崖深谷。从某种意义上讲，1994年宝业集团创办的绍兴构件生产线，代表了孤独下少数企业的坚守和展望。

1996年，建设部在天津召开住宅产业化推进会议，庞宝根作为极少数的企业代表参加。当时建筑工业化处于低迷期，几乎无人敢碰。但是，庞宝根却很坚持。他去考察、学习，坚定地认为住宅产业化是住宅发展的必然趋势，建筑业也迟早要实现工业化。“眼光，应该看远一点，不仅是要看一年、两年，要看三年、五年，甚至十年，二十年。”这是庞宝根直到现在都很爱说的一句话。

1997年，宝业集团承担了建设部建筑工业化的课题，成为建设部住宅产业现代化浙江省唯一试点实施企业。

1999年，在庞宝根的大力推动下，宝业集团开始向建筑工业化这个当时不被看好、极具争议、充满变数的陌生领域全面进军，当年就成立了浙江宝业住宅产业化有限公司。

从20世纪90年代开始，宝业就已经走向了“无人区”，这注定是一条与众不同但又无比艰难的道路。庆幸的是，宝业集团于2003年6月30日光荣地成为第一家在我国香港联交所主板上市的综合类民营建筑企业，资金问题得到了很好的解决。

颠覆性创新：宝业对于建筑工业化道路的思考、选择、前行

其实上市之前，庞宝根以及宝业就已经在做我们现在所谓的“颠覆性创新”了。2000

▲ 2000年投产的浙江宝业住宅产业化柯东生产基地

▲ 应日本住宅协会邀请，2002年7月15日董事长庞宝根率考察团一行7人赴日本考察住宅产业与当地企业家合影照片（登载于日本日中建筑住宅产业协议会期刊）

年，投产了浙江宝业住宅产业柯东生产基地。

2002年，庞宝根拎着拉杆箱，带着高管团队，满头大汗地从日本机场直奔中日建筑协会会议会场。会议一结束，他就冲到一位日本老人面前，这位日本老人是世界500强企业——日本大和房屋工业株式会社会长樋口武男。庞宝根对樋口武男说："我希望在中国推广建筑工业化技术！"樋口武男回忆当时的情形时说道，他从庞宝根眼睛里看到了大和房屋创始人石桥信夫创业时代的神情。

2006年，宝业集团与日本大和房屋工业株式会社展开了合作，成立了宝业大和工业化住宅制造有限公司，其开发的装配式钢结构住宅经得起12级台风的考验，可达到8度抗震设防，层间位移达到1/8仍能"屹立不倒"，使用可"降解"的绿色环保建材，主体结构65%以

▲ 宝业集团股份有限公司与大和房屋工业株式会社签约仪式

上可实现回收再利用，施工现场不产生建筑垃圾。中日联合开发的住宅之后成功地运用在农村改造、特色小镇建设等项目上，甚至还出口到了印度。

之后十年，宝业集团与全球建材行业“百年企业”德国西伟德集团在安徽建立了先进的PC构件进口线和生产基地。与欧洲最著名的构件厂设备供应商德国沃乐特集团合作，建立工业4.0“建筑工业化生产线机械设备制造基地”，实现叠合墙板全自动化生产。

学习最好的技术，解决行业的卡脖子问题

当然，与宝业合作的国际知名企业非常之多，按庞宝根的话说：“引进最好的，才能成就最好的宝业。”

但这远远不够。庞宝根在2000年前就意识到了这一点，如果一味地引进国外技术，是不行的，关键的时候会被国外卡脖子。宝业要走的建筑工业化之路是考察、学习、消化。考察是为了学习，引进是为了学习，合作研发还是为了学习，但消化是为了千万次的学习之后变成自己的东西。

对反对的高管，庞宝根喉咙很响，常说：“现在你不去解决问题，以后连解决的机会都没有。”

终于，庞宝根顶住各种压力，宝业集团斥资1.65亿，在2002年建立了国家级的住宅性能

检测、评估实验中心。

该实验中心经过7年沉淀，于2009年被评为“国家住宅产业化基地”。基地拥有足尺寸全天候环境模拟实验室、结构力学实验室、恒温恒湿实验室、动风压实验室、耐久性实验室、地震体验室、防耐火实验室、声音实验室及室内环境检测九大实验室。其中最引人注目的就是装配式钢结构足尺寸住宅。当处于住宅中，可通过设备模拟各种地震状态下住宅的抗震能力。记得有一次采访，记者对庞宝根说：“一个企业为什么要去做这样的研究?”庞宝根回答说：“这样客户才会信赖我们。”

当然，实验中心也与很多国际著名公司都有合作，庞宝根认为自主研究要有一定的开放合作性，要走国际化，自己埋头不看路、不问路的研究是闭门造车，是很难成功的。2013年初夏，宝业集团的“国家住宅产业化基地”与日本大和房屋合资建设的轻钢体系低多层工业化住宅生产流水线，投入使用；2014年，安徽宝业与德国西伟德合作的PC预制装配式混凝土结构高层工业化住宅生产流水线建成；2015年，上海宝业与德国沃乐特集团合作的工业4.0叠合墙板自动化生产流水线建成。

研究院的苦心经营加上国际化的开放式合作，使得宝业集团成为国内技术体系最全的住宅产业化企业之一，拥有密柱支撑钢结构（低层）、钢框架结构（多层）、预制装配式混凝土结构（PC结构）（高层）三套技术体系。

就这样，宝业上市后，在庞宝根带领下，宝业集团率先在国内打通设计、生产、施工的建筑全工业化全产业链，从浙江起家，相继布局湖北、安徽、上海等市场，产品出口至亚洲、澳洲、非洲、拉美等多国市场。

尽管宝业业绩逐年递增，尽管2013年上海市也开始加大力度推广装配式建筑，但实际到2015年末，装配式对于大家来说还是非常陌生。

2016年，国务院多次发文发展装配式建筑，提出装配式建筑是建造方式的重大变革，

并且明确规定2020年装配式建筑所占比例。能耗高、污染重、质量堪忧、用工成本屡增……所有问题的解决都指向了一把钥匙——建筑工业化。我国建筑业已经到了不得不变革的时候。

接下来，各省、各市开始执行国务院规定，这时候很多企业很着急，眼看着巨大的市场份额在眼前，却不知道如何下手。做了一圈市场调研，才发现宝业集团的装配式建筑已经走了那么久了。

2015年，宝业爱多邦项目启动，这是上海首个装配式小区，采用了三种体系。2016年末，爱多邦项目拿了七个荣誉，其中全国装配式建筑科技示范项目和全国建筑业绿色施工示范项目令人瞩目。

走到现在，庞宝根常说："感谢党和国家，没有改革开放就没有今天的宝业，不走社会主义道路就没有出路。正是因为我们听党话、跟党走，踏实努力、不断追梦，才有今天的成就。"

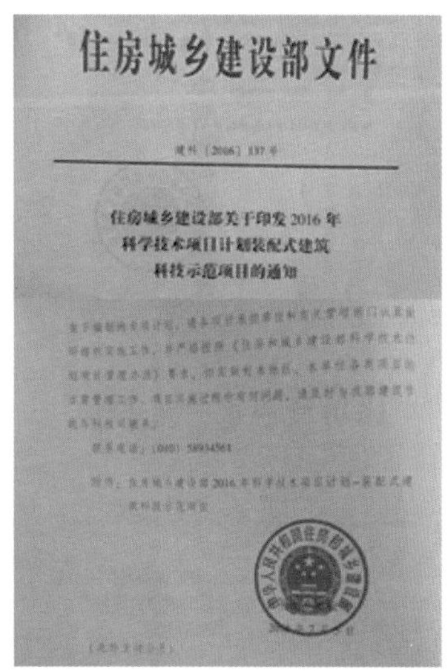
住房城乡建设部文件

住房城乡建设部关于印发2016年
科学技术项目计划装配式建筑
科技示范项目的通知

尾声

对宝业集团调研结束后，我们记录下来的很多文字也许从表面上看，都是宝业集团在发展过程中取得的成绩，然而若仔细研究宝业集团走过的道路，宝业集团领导层对企业的管理、改变以及创新，也许大家看问题的角度以及对企业的看法就会有所改变。建筑业是很传统的行业，大家也体会到了若想做出些许改变，往往非常困难。从这个角度来看，我们希望从宝业集团身上挖掘更多宝贵的财富供同行们参考、学习，共同推进我国建筑工业化。

第二节

智能化
装配式建筑新范式

上海宝业中心项目位于虹桥商务核心区，定位为适合企业总部入驻的集办公、商务、会议等功能为一体的办公建筑，由A楼、B楼与C楼5层综合办公楼组成，呈品字形，代表着宝业集团建筑施工、房地产、建筑工业化三大业务板块。项目总建筑面积为26779.09m^2。

项目从2012年开始，历经4年时间，于2016年竣工，2017年完成所有绿化和后期配套收尾工作。可能大部分人都有这样的疑问：三栋建筑加起来不过5层高，怎么会花了4年时间去建造。后来在与上海宝业集团的交流中发现，这个项目的创新点实在太多了，所以项目周期越来越长，按宝业集团上海公司总经理夏锋的话来说："上海中心项目代表着宝业40多年在这个行业摸爬滚打所打造的技术集成。"

一、装配式地下车库和地下室

2019年某天，在一个技术交流群里，已经做了十多年项目的一位前辈看到上海宝业中心装配式地下车库的图片，感到很惊奇："现在地下车库都可以做装配式了吗?"

上海宝业中心的装配式地下车库和地下室，采用的是宝业集团独有的叠合板剪力墙体系。这种体系从德国引进，生产自动化水平国内领先；整体厚度比同行业竞争对手薄；结构受力经过德国与同济大学大量实验论证；施工简单、消耗低。有一次，一位记者采访夏锋："为什么宝业在2013年就敢做这样的装配式地下车库和地下室?"夏锋说："做这样的体系并不是宝业拍脑袋想出来的，而是我们之前在安徽省有大量这样的积累与技术集成。"

二、GRC+PC体系幕墙

上海宝业中心幕墙采用GRC+PC体系。每一块屏板中，外圈为GRC+PC外围护与幕墙，使用了阿尔博牌52.5级白水泥（目前国内唯一P.W.52.5级白水泥生产商），内圈为玻璃幕墙。该体系幕墙平板多达上千个，运用数字化算法对单元格进行逻辑分析后形成幕墙优化方案，使得最终只用26种单元屏板就组成了整体立面上的变化。每个屏板为集外围护、采光、遮阳、通风、夜景照明为一体的立面构件，先在工厂里预制组装，然后将组装好的屏板运输到现场吊装起来。

该体系幕墙在国内拥有非常多的先进技术：①CRC+PC系统，不仅有装饰作用，还能保温、防水、防火，第一次具有严谨的结构作用；②采用建筑工业化方式生产，而且在模具上第一次采用了CNC（数控铣削中心），仅用26个模具就制作出近千种形状的单元板；③邀请美国专家专业论证，通过上海建科院长达两年的论证，在确保达到高精密度、高清洁度、高受力性能和高耐久性后进行装配建造。

三、绿色认证

上海宝业中心是上海市绿色建筑示范工程，具有绿色建筑三星认证和LEED金级认证，获得2017年AAP建筑设计奖，是获得“三重认证”的绿色建筑。

绿色建筑三星认证是中国建筑界最高级别认证。目前国内绿色三星级别建筑项目屈指可数，不仅需要巨资打造，而且技术指标上还要满足苛刻的评审要求。

LEED认证是国际最认可的绿色建筑评价体系，由美国绿色建筑委员会（USGBC）推出，分为认证级、银级、金级、铂金级四个级别。

AAP（American Architecture Prize）是由AAP联合耶鲁大学、哈佛大学、纽约时报、ArchDaily等，致力于评选出全球最有创意、能够推动行业发展且改善人们生活品质的建筑、规划、景观、室内作品的一个奖项。

四、智能化

上海宝业中心最引人瞩目的一个部分就是智能化。智能化是由霍尼韦尔有限公司进行设计的，并且与绿色设计进行联动，既连接了建筑也连接了人，让人深刻地体会到上海宝业中心是一栋舒适度极高的智慧建筑。

当观众参观时，工作人员会进行智能化演示：即仅用一部ipad，通过APP就可以控制整栋楼宇，如监控每个摄像头进行入侵管理；监控每个房间的空气质量（氧气、二氧化碳、PM2.5等）以及能耗情况；控制门、灯等设备，音频、视频等会议系统。当然，上海宝业中心的智能化不仅如此，还可以与微信联动，

实现访客和会议预约、停车缴费、查询食堂餐饮等功能。

在这里仅仅是对上海宝业中心做了简单的介绍，告诉大家这是一个怎样的项目。在传统的项目中，也许甲方会考虑装配式，也许会考虑绿色建筑，也许会考虑实现一些智能化功能，也许还会考虑建筑外表面做得有特色些。但是很少有甲方像宝业集团这样执着：“我希望把这些都连在一起，做成智能化装配建筑的新范式”。

宝业集团上海公司副总经理王卫东说过这么一件事。宝业中心刚正式运营时，某天他看到一位保洁阿姨在拍照，拍了快5分钟了，他感到很奇怪，于是就上前问阿姨，为什么一直在拍照。那位阿姨是这么说的：“建筑太漂亮了，我想记录下来。”王卫东被感动到了，他对员工是这么说的：“我们宝业人夸自己项目美那可能是‘王婆卖瓜、自卖自夸’，但如果是一位普通保洁阿姨这么夸，说明我们这个项目做得还是比较成功的。我们希望树立智能化装配式建筑新范式，也希望成为中国最美的装配式建筑之一。”

第三节

连接、创新
与甲方项目思维

——宝业集团上海公司总经理　夏锋

2013年，上海宝业抓住上海装配式政策的契机，在集团的关心和支持下，开始了快速发展。上海宝业中心项目历经时间不短，是我们宝业人用心打造、用心经营的结果。

在这个过程中，我们的合作伙伴并没有怨言，大家心中只有一个目标，就是：我怎么做得更完美。庞总一直强调的是：方向不能偏；偏了，所有的努力将离目标越来越远。幸运的是我们成功了。但是，这一路走来不容易，感谢合作伙伴们同我们一路前行探索、一路奔波。

连接

我们现在一直在讲连接。我们打造的这个中心，就像一个路由器，不仅连接现在，还将连接未来。

连接数据的背后，我们连接市场；连接人的背后，我们连接人才，尤其与我们目标一致、价值观相同的伙伴，我们要把优秀的专业人才连接进来，把个人和公司连接起来共同发展，打造事业命运共同体，而不是你干你的、我干我的；连接合作的背后，我们连接优秀的供应商、优秀的研究成果。

再细一点，就是我们上海宝业中心展厅最左边的话语：建筑，起源于你仔细地把两块砖拼在一起。

我们的玻璃也好、门窗也好、外墙也好、材料也好、设备也好，我们都在想方设法，用心地、仔细地连接，绝不随便弄随便搭，最后用吊顶一封一遮万事大吉。

我们做这些连接，就是要做得与众不同，做得比我们强调的还要用心和专业。

GRC幕墙

在前期定位的时候，第一个出发点就是为员工创造一个满意、舒适的办公环境。第二个出发点就是始终贯穿整个项目过程、代表宝业40多年在这个行业摸爬滚打所打造的技术集成。

在这40多年中，宝业对于行业的理解是怎样的，整合能力又是如何的，都集中在这样一个最大的样板工程中。这里有装配式，我们地下室就是装配式的，可以说是上海第一个真真正正的装配式地下室，当然之前在安徽做了很多，这不是拍脑袋做的，不是说为了这个第一，不顾功能、不顾性能，这个地下室是我们引以为傲的。

我们的外围也是装配式的：单元式GRC幕墙+白水泥混凝土。可能大家看到幕墙表面比较干净、漂亮，好像和现浇没什么区别，但是为了这样的装配式，我们全世界去考察，找最专业的公司，找这个领域最顶尖的公司的混凝土配方。

对于GRC，我一开始和大家认知差不多，不就是用来装饰用的嘛，很多罗马柱都是这样做的，但很粗糙，质量很差，性能低下。但是，我们在讨论无数次后发现，GRC也可以做到很顶级，可以卖得很贵，可塑性和流动性也都可以非常好。

比如要做这么一个GRC框，肯定是一块一块地每个面分割，然后拼缝，尽可能保持一致性，但是这么做的话造价肯定翻三番。所以我们也和设计方零壹城市建筑事务所一趟一趟去考察、一趟一趟去做样板，甚至是放到上海建科院去做检测试验。

就为了这样一个事情，项目甚至是停下来一年多，就是为了确认这项技术是否成熟、是否可行。这个过程也有打退堂鼓的时候，有时候我在想万一做得不好，万一风险出来了，那谁来背这个责任啊，那会变成宝业的罪人。

所以GRC幕墙的每个成果，都是我们在科学研究、反复论证、谨慎的一种态度之下推进的。有时候，该担当的时候就要担当。有时候和樊总商量，不做了吧、放弃吧，但宝业人心中那种不服输还是让我们咬牙坚持下来了，这个坚持的结果现在就呈现在大家面前。

可以讲，在虹桥商务区这500多万m^2的建筑立面，我们规模最小，但是我们让人印象最深刻。有的人说很像德式建筑，的确，我们在德国考察的时候，感觉和宝业中心很像；有的人说是最美的，外表很美、很精致；有的人说是素颜，你能拿素颜见人，说明你有底气、有资本。

有可能行业内的人们来考察说漂亮，是对我们的恭维。但是有一次我和王卫东王总看着窗门外的一个环卫工人，拿起手机拍下来，从这个角度讲，这样的记录更加浪漫和令人感动。

绿色与智能化

有一句话在设计界里传得比较多，是这么说的："空间是拿来浪费的。"但一个个空间任你如何浪费，要做得让人很舒服，这个很难！但上海宝业中心却有很多这样的空间。比如我们的讲堂、食堂、咖啡厅、健身房、茶室、会客厅、低碳绿色屋顶。甚至是我们的大厅，你一走进来，无论是空气质量、温度，还是湿度，都是最舒服的。

在打造绿色、低碳、节能、智能化上，我们做了大量的工作。我们现在获得了绿色三星认证、LEED Gold认证，现在在做德国DJNM的论证。国际上能拿的奖我们都要去拿。2017年美国AAP年度建筑大奖，我们也是其中之一，这个不容易。

还有智能化，我们的运营管理系统、平台，科技含量非常高，这也是我们合作伙伴霍尼韦尔和我们一起打造的。

我是学建筑学的，在做了这么大一个项目后，每次我一坐下来，总觉得要是能重来就好了。重来我们还能做得更加完美。

其实，我们的想法有时候并没有那么超前，在实践的过程中也是逐渐明白的，甚至做完了才明白我想要什么，这也是我们的一个现状。说到这里，要感谢集团总部，给我们这样的机会让我们充分发挥，用我们的想象力和发自我们内心的声音来打造这么一个与众不同的项目。

做项目的四个思维维度

下面从四个维度剖析下做项目的思维。

第一个维度是产品经理思维。项目必须具备代表这个时代或者未来发展方向的高科技技术。假如说这个项目没有这样的技术（技术可以包括很多方面，如设计、材料、功能使用等）的成分，那是不符合产品开发思维的。

第二个维度是产业集成思维。这样一个产品、这样一个项目，必须有一个多元的产业集成能力，并不是说结构出来了、门窗弄好了、维护没问题了就OK了。这些集成的背后，其实说到底，它是产业与产业之间的互动，甚至是细分产业链之间的相互高效协作与融合。这样，才能更加彻底地在协同的过程中真正地、不弄虚作假地控制成本、提高品质，甚至是改进和完善功能。

第三个维度就是文化思维。这个项目我们给零壹城市提的文化需求就是要有绍兴的元素，要有宝业的元素。所以这个波浪状的外立面，取自于绍兴杨汛桥水的波纹或者承载了绍兴水乡水的元素。我们这三个单体建筑中间的廊桥也代表着绍兴的桥，因为绍兴是水乡也是桥乡，但廊桥同时又寓意着跨越，在这个时代中不断跨越。三个单体建筑+廊桥，代表着宝业的三大板块三位一体，所有的这一切，就是文化。我们去欧洲，看得最多的就是百年建筑，这些百年建筑代表着历史、文化甚至是宗教。这些文化背后，到底要做一个什么样的建筑，到底想充满怎样的创意，都会使得建筑的生命力和价值显得完全不一样。而不是我们聚焦在成本上这个多少那个多少，而不顾外形和设计等方面的价值。

第四个维度就是需求思维。我们有很多的消费者很无奈，只能被动地接受建成的建筑。像现在推行的EPC总承包，集合了设计、采购、施工，这时候就必须了解消费者的需求。你满足他，他不会再和你计较成本，不会再和你计较某些方面的瑕疵，反而是他会喜欢、他会认可，甚至会觉得物超所值。

第二章

把对城市的热爱注入设计

了解一个项目，要从它最源头的设计开始。笔者在深入了解负责宝业中心项目建筑和精装的零壹城市设计之前，对这个团队有所耳闻。“80 后”“国际奖项”等标签被贴在了他们身上。

而在近距离接触后，笔者认为，设计本身和这些标签并没有强烈的关系，设计的背后，是对城市的思考，和对生活的热爱。

第一节

贴着“80后”标签的设计团队

上海宝业中心的建筑设计可能很多人都想不到，居然是由一支80后团队来主持的，他们来自于杭州的零壹城市建筑设计事务所。到底为何甲方最终选择了这样一支年轻的团队来设计上海宝业中心这样重大的项目，为此，我们采访了零壹城市并将这支设计团队在项目中的设计经验、感悟记录了下来。以下为整个零壹城市团队的讲述。

国际化、关注城市和人、热爱生活

零壹城市建筑设计事务所是2011年建立的，我们的团队看起来很年轻，但其实已有11年的从业经验，整个团队是一个比较国际化的设计团队。

零壹城市包括了建筑室内、软装的一体化的设计服务。我们比较擅长的是从用户的行为角度出发，我们特别关注城市高密度环境下人的使用空间，在这样一个大的主题下面，会去切入人的工作的行为模式、学习的空间、消费和居住的领域等。

作为一个新一代的设计机构，零壹城市更关注的是城市和在城市中所生活的人。

和传统的设计机构相比，我们不太会去在意自己设计的建筑或室内空间的类型是什么，更多的会去在意人在其中的行为是什么样子的。也就是说，用户的需求在哪里，你的设计就应该用一种非常有趣、非常艺术的方式去解决他的需求所对应的问题。

这就是我们的设计中一直贯穿的重要理念。

零壹城市大概有五十多人，已经前前后后做了150多个项目。覆盖了20多个城市，包括亚洲以及国际上不同的城市。我们设计的类型特别多。当我们的关注点在人上的时候，更新的设计模式和特点都能够迸发出来。

作为80后甚至90后的这一代设计师，我们生活的这30多年时间正是我们的城市最翻天覆地变化的30年。在这个过程中，我们的生活和城市的变化息息相关，我们为什么会这么关注城市，是因为我们热爱自己生活的地方，我们会希望自己设计上的努力，能够为这个城市增添一些有意思的东西。

我们在2012年开始设计宝业中心，它也属于城市高密度环境下一个特别有意思的场地，它是在整个虹桥枢纽高铁进站前，你能够看到的最后一个建筑。

它周边有城市道路，有高铁、高架，整个环境其实是非常复杂的。

作为宝业这样一个建筑建造起家的集团公司，我们希望能够呈现出来的建筑不仅是作为集团本身的总部，去承载它的企业文化和奋斗的目标，同时，作为它在整个华东乃至中国最大的技术的样板房，我们也希望它能够成为一个城市的标杆。

所谓城市的标杆就需要为城市的空间，甚至是周边走过去的人负责。

从这一点上来考虑，其实我们做的整体设计，就是一个在高密度的环境下，去思考、去探讨，怎样能在这样一片寸土寸金的地方，去创造出最高效的办公空间，同时又是最具有人文关怀的活动空间。此外，它又要有很高的技术含量，能够为城市的风景增添一抹色彩。

所以它是一个非常综合性的设计，我们的出发点不会仅仅去考虑客户，而是会把它上升一个维度，然后再下降一个维度。

所谓上升一个维度，就是场地和城市的尺度；而下降一个维度，就是人在其中的体验。当你的思考和创作是一个非常有厚度的过程时，你会发现设计能够蕴含非常多创新的可能。

宝业中心建成的时候，我们有很多朋友坐高铁或者开车经过的时候，他们会拿出手机给建筑拍照，这个对我们来说是很欣慰的事情，因为你所设计的东西能够为这个城市去增添一点活力和色彩，增添天线上的一种变化。当你从一个城市的街角转过来的时候，你忽然间看见这个房子，会对城市生活当中那种“两点一线”很无聊的空间体验感到一丝刺激。

我们认为宝业中心作为一个建筑，不仅仅要作为一个优秀的企业总部，同时它还要对这个城市负责，并且成为对城市、对行业有所贡献的建筑。

其实上海宝业中心的造价并不是非常昂贵的。我们认为，想要从用户、从人的角度出发去做设计，不意味着一定要用非常昂贵的方式去解决设计中面临的问题，很多问题可以用很简单的方式去解决。

上海宝业中心所有的设计，从建筑设计到室内软装都是一体化设计。整个大楼从2012年开始做建筑，到最后的一个小空间的室内完工，都是由我们来做整体设计把控的。这里涉及了方方面面的专业，在这样一个非常聚合、非常综合的设计中为业主做服务，能够带来的一定是去节省时间成本和沟通成本，节省建造周期，节省设计和施工中的错误，这是很关键的点。能够有机会去做这样的一体化设计的团队其实并不多。

设计决策VS建筑高品质，用时间进行考验

出现意见分歧的时候，我们觉得不是我们去说服业主，在这个项目最开始的时候，双方就有高度的认同——这个建筑，所有人都希望它不仅成为宝业总部，同时也是宝业建造技术的巅峰时期最大的样板房。所以在这样的一个基调下面，设计方和业主方有着很明确的价值观认同。

这样一个建筑需要在这个场地使用50年甚至100年的时间，那么我们花三到五年时间去做精细化设计和精细化施工，是绝对不算长的。工期这件事，看你怎么去定义时间的长短，如果你把整个建筑的效果、品质、是否能够经受时间的考验来定时间的话，我们认为这个时间是非常值得花的。

在这种情况下，我们就会去给自己足够的时间，不断去尝试去验证。

举个例子，我们在做GRC幕墙的时候，设计了很多不同的节点，也用了不同的材料配比。我们当时在南京找了很多工厂，然后在工厂里面去设计，并且建造出来1：1的整个模块单元，在场地当中放了一年多的时间，去看哪一种材料配比经过风吹日晒，仍旧能够久经考验，保证很好的耐久度和美观度，那么我们最

终就去采用它。

设计决策是由时间来帮你做考验的。在这种情况下，其实你换来的是建筑经久不衰的高品质。

建筑设计理念的形成

整个设计从2012年到2017年，其实对于零壹城市来说是一个很有意思的过程。

最开始拿到这个设计意向的时候，我们思考了很长的时间，在这里面怎么去呈现一个宝业集团，呈现企业本身的品牌。从浙江绍兴起家的一个大型集团公司，在上海这样一个非常国际化的大都市里面，我们希望帮助宝业呈现出一种精神：我们能够把传统的文化、传统的空间，带到一个国际化大都市里面，同时我们又用一种很现代的设计语言去诠释传统。

整个宝业中心是由三个组团结合在一起，形成了一个品字形的、具有办公空间感的庭院，传统的庭院空间的效果在中间汇聚，然后整个立面通过连廊去连接起来。整体的意象是去形成一种“桥和水”。

所谓桥，指的是空间之间的连接；所谓水，指的是不同大小窗户形成的一种波光粼粼的效果。最终整个建筑的落地，是将传统的文化进行一种现代诠释的表达。

室内设计其实和建筑设计类似，我们希望

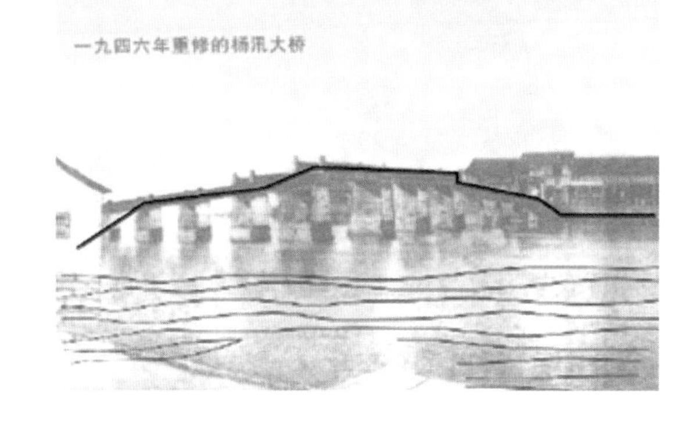

呈现宝业全国最大的样板房，就要去呈现一个建筑是如何建造起来的过程。所以，在一个已经最终成型的室内空间当中，我们要还原它作为建筑那种美感，还原它建造过程当中的美感。

所以我们在做设计的时候做了非常多的尝试，比如结构上的裸露，比如图样和建筑实际空间之间的关系。材料上也尽可能采用最基础的材料，比如说我们的混凝土板和木材相互拼接，去形成一个具有温馨感和人文关怀，但同时又能表达建筑的力量感，这样的室内空间。

当然，在这个室内空间当中，也需要去承载非常多的功能性设计，从信息的角度、建造技术的角度，以及高效办公的角度去考虑这些事情。所以它是一个各种因素的结合，最终所呈现出来的一个室内空间。

我们一直觉得，建筑的外部和内部设计，就像是一件衣服，它的外面和里面都需要经过精心的设计，这样它才能始终表里如一，形成一个很好的作品。从建筑到室内，甚至到后面我们去设计每一个小标识，每一个门把手，每一个家具，都贯穿着这样的设计态度。

装配式VS传统的建筑设计

设计和艺术有很大不同，艺术是一种自我表达，而设计一定是解决问题。

设计，就是基于解决问题这个方向，去做有趣的、美的、具有艺术感的呈现，最终它的导向是要把问题解决好。

所以我们最开始做建筑设计的时候，从一开始就会去想，我们怎么能够将它实现出来，而不是我们去做一个大师的草图，交给结构设计方、施工方自己去想办法实现，绝对不是这样的一种状态。

我们从最开始就将设计的艺术性和技术性做一个很好的结合。

比如说幕墙，我们从一开始就会去想，怎样能够通过装配式的方法，尽可能地去缩小它的非标单元，直到最终缩小到一百多个不同的类型，拼贴出一个我们所要的效果。如果一个设计团队不能站在技术和艺术的交叉点上的话，你是没有办法通过装配式的方式，得到一个很棒的建筑作品。

任何一种技术，都是为解决问题去服务，所以任何一种技术都不能够作为一个显性的表达。

什么叫做显性的表达？我们不会因为你这个作品，你这个建筑采用的是装配式建筑，或者用参数化设计的，技术牛就牛，这是错的。最终我们就算用最基础、最本源的、最低级的方式，实现了这样一个建筑，如果能够保证人在里面使用时是好的、舒适的，它就是一个好建筑。

装配式的作用，是可以用更快速、更节能的方式，同时用更加精细化和精准化的方式来完成整个建造过程，这个是它很大的优势。但一个建筑绝不应该是以装配式这个技术为核心去开展设计，它只是辅助我们来解决最终问题的一种高效的手段，这是我们认为看待装配式建筑比较关键的一点。

如何做好设计

我们觉得任何一个建筑师、设计师，其实最主要的事情是能够去观察生活中出现的各种各样的问题，然后通过自己的方式去解决它。当你有这样的一种生活和工作的态度时，你就会发现其实设计是一件很美妙的事情，并且在这种时候你就能把设计做一个很好的贯穿和连通，你能够设计大到几十万平方米的建筑，小到一个门把手。

设计本身的宗旨是不变的，那就是去解决城市当中的空间问题，解决人所需要面临的问题。

作为一名设计师，最关键的点在于，你有没有一种设计创新的核心竞争力，有没有一种能够一体化地把一个建筑从始至终完成的服务能力，以及你对待每一个作品，每一个建筑所抱有的那种态度，是不是一个希望能够去捍卫它的每一寸土地，去捍卫它的每一个节点，去捍卫它的最终效果。

如果你用这样的一种方式去工作，这个行业本身越下行，你的空间就越大，因为当它下行的时候淘汰掉的正是没有这样态度、没有这样能力的人，那么你成功几率就越来越多，你就越来越能够蓬勃地发展，你就能够站到这个行业的顶端。

第二节

建筑
设计的底层逻辑
——零壹城市项目主创设计师　詹远

有关宝业中心这个外形的想法是怎么来的呢？有很多猜测。有些人说这个想法是不是拍脑袋灵光一闪，特别有灵感后想出来的；也有些人说你们是不是需要冥思苦想，想了很久才把这个理念呈现出来；也有些人说你们是不是都需要熬夜加班，在晚上的时候特别有想法，才能将整个项目推进下去。

恭喜你们，都答错了。

其实，对于我们来说，我们就像是婴儿，对世界上任何新鲜的不新鲜的、可能的不可能的都充满了好奇并且勇于去尝试，并且我们一直保持归零心态，撇去对一个项目的固有看法，从零开始进行设计。

对于宝业中心来说，其实有三个设计的底层逻辑始终贯穿其中。

第一个就是小而美+大平台。下图中左边的战舰就像是传统的设计，全由我们自己来。

右边就是宝业中心这个项目的设计模式，即航空母舰加上一艘艘战机。

在这样一个能容纳各种创意并进行不同团队连接的大平台上，我们零壹城市与其他合作伙伴（如景观、设备、材料、智能化）一起进行专业分工和协作，将整个项目推到一个全新的高度上，既能做到小而美，又能做出大平台。

第二个底层逻辑：设计是贯通的。

设计仅仅靠创意是远远不够的。

比如左下方这张图，里面是一个3D打印的图案，看起来就是计算机快速建立的一个模型用材料打印出来的。

但是，就这样一个简单的布置物，都需要设计师了解背后材料的特性，然后与工程师、结构师、材料师去一次次地沟通材料细部的颗粒度和作品工艺，才能完成这一件作品。

对于宝业中心来说，就更需要建筑、室内、结构、景观、智能化等所有配套的专业贯通起来，才能推进整个设计进程。

例如大家现在看到的宝业中心GRC幕墙是非常简洁的。但是越是简洁的东西，就越要投入精力和创意去整合。

我们的实验模板，经过足足一年的风吹日晒，才让我们发现GRC本身的表面自清洁性和耐久性是符合要求的，最后

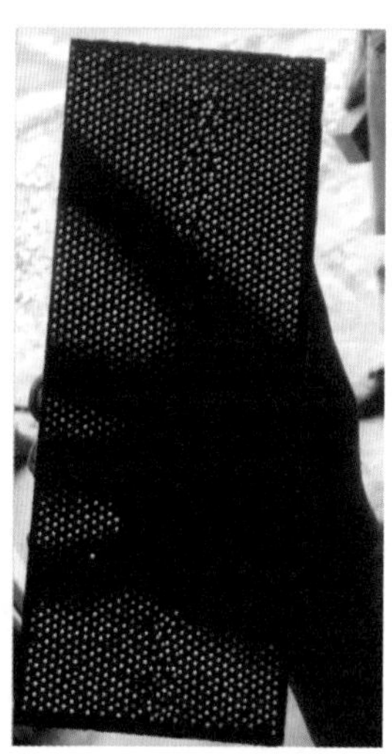

我们才敢于将GRC应用到这个项目上。而GRC幕墙应用和生产时，我们和混凝土顾问、GRC顾问、幕墙顾问共同研究，如何一步步地从一开始的GRC分割到玻璃整合；如何考虑开启扇、外遮阳、灯光等，尽可能让整个外表面在简洁的情况下把应该有的功能和实际的使用考虑进去，这里面也包括了结构设计。

景观上，我们会和景观顾问、景观设计单位进行景观优化，根据他们种的每棵树的尺寸、树冠的大小都进行了建模，去试验这棵树会不会造成视线遮挡，会不会对这个空间的流动产生积极的效应，最后也是与宝业集团的设计师沟通后确定了最后的优化效果。

房间的logo、软装、管线、大堂灯光和灯具、排风等都需要一起协同作战。

第三个，也是我们觉得最重要的设计逻辑，设计是众筹和迭代的。

在设计过程中不是说我们几个合伙人、

创始人画下草图，这个事情就可以做下去。而是在这个过程中我们不断地争取团队的意见、争取合作伙伴的意见、争取业主的意见，把他们的意见融入项目里，把那些好的想法众筹起来，在项目里面发出它们的闪光点。

而设计迭代，不是说设计好后就原封不动了。很多时候有人说设计师特别固执而不愿意去改设计好的想法。我们不是的，我们愿意去修改设计、愿意更新迭代，每一次迭代之后一定会变得更好，因为它里面融入了对项目新的理解、对项目新的看法，比如新的使用功能、消费者新的需求等。

这背后其实是一道简单的数学题。假如一开始设计是1的话，你每迭代10%，如果迭代7次那就是1.1的7次幂，之后这完全就是一个新的设计，而且变成了2以上的数字。这就是为什么我们愿意在背后坚持做这样一件事情。

例如，宝业中心一开始的形态立面，我们是一个体块、两个体块地去拼、去做，希望通过多元的尝试去形成这个场地的最优解，这里面还包括颜色、GRC幕墙的形式、波浪的效果，我们尝试了几十次。和宝业这边我们也是反复沟通，想着如何发挥GRC这种材料的特性，希望用较少单元的同时将变化做出来。

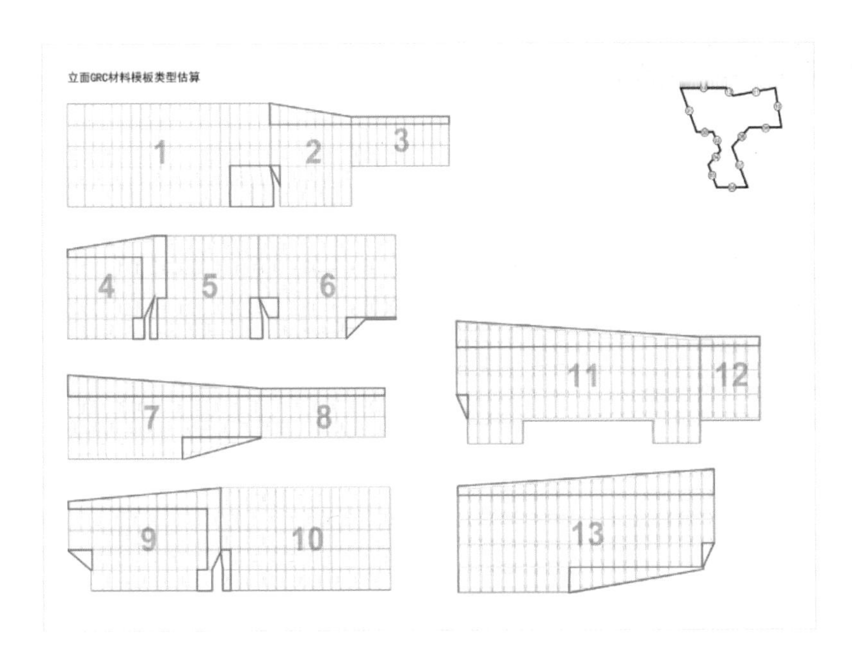
立面GRC材料模板类型估算
1
2
3
4
5
6
7
8
9
10
11
12
13

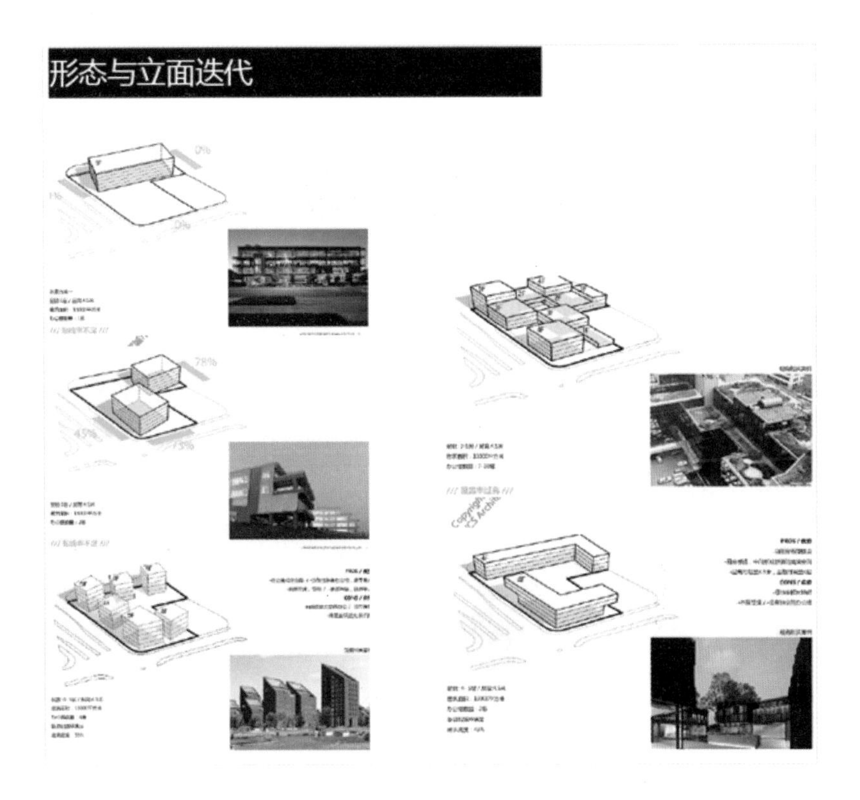
形态与立面迭代
0%
78%
45%

外立面迭代

外立面迭代

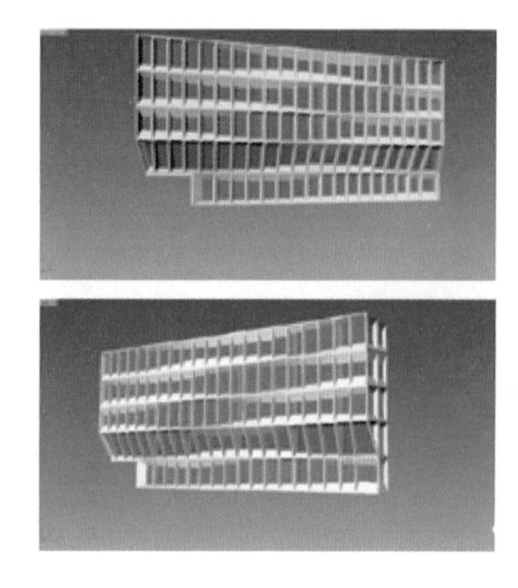

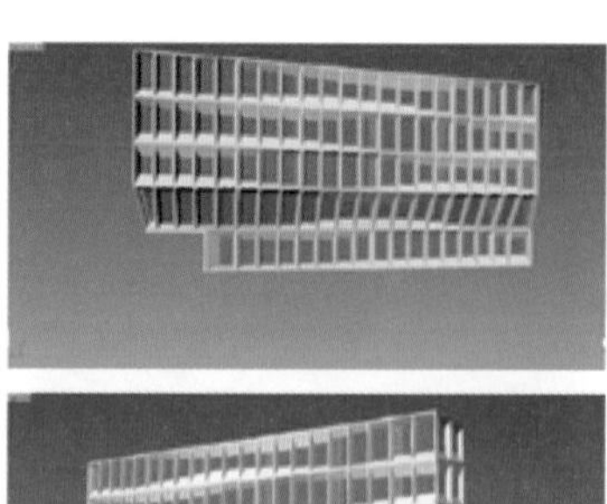

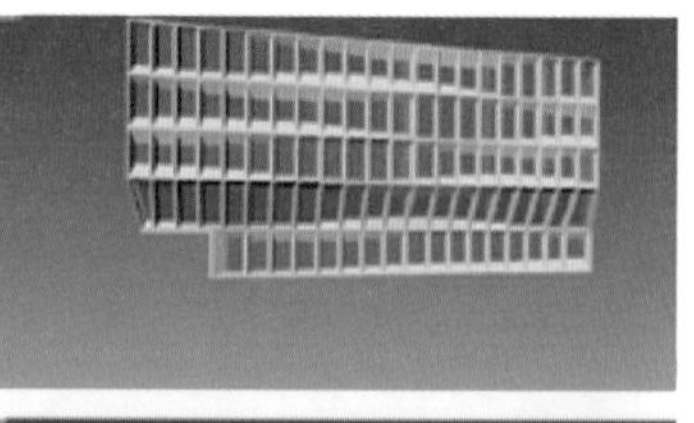

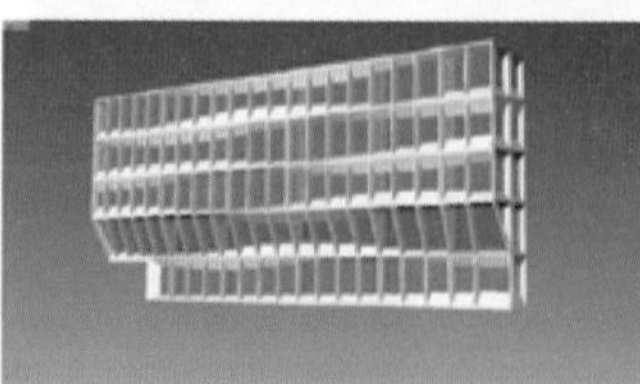

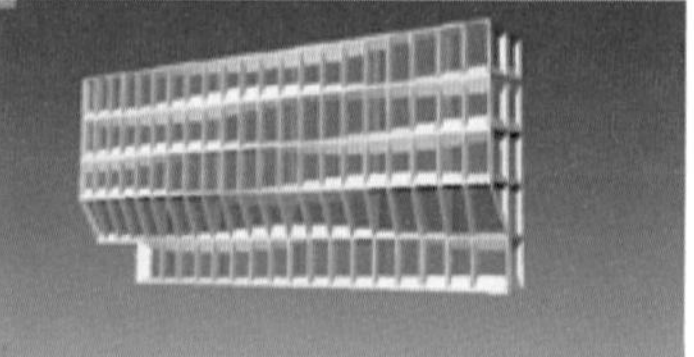

与大家分享一些数据。

第一个数据是2099。从项目开始的2012年9月1日到2018年，共经历了2099天。

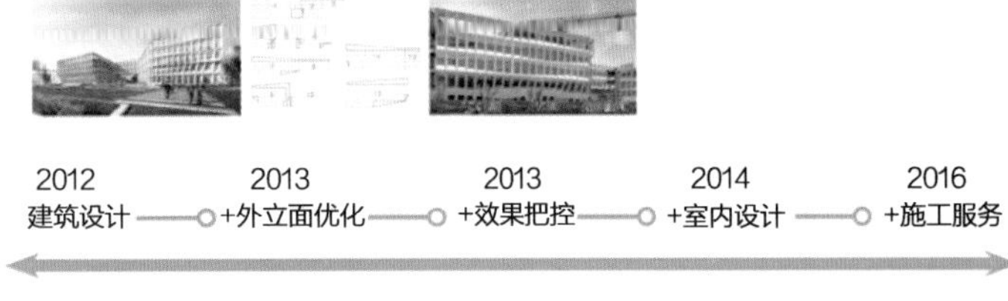

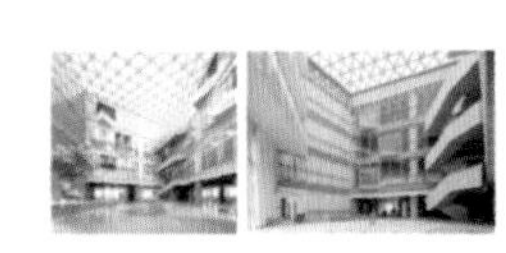

第二个数据是45.5%。用网络去搜索“上海虹桥办公楼”的时候，宝业中心的照片占有率是45.5%，几乎占了一半。

整个虹桥有将近500万m^2，但宝业只有2万多m^2，这里面我们整个曝光量或者说社会关注度是远远超过其他大多数办公楼的。

第三个数据是1167。这个数据是关于宝业中心的所有文件的量的大小是1167G。什么概念呢，就是如果将1167G转为高清电影的话，那就有1000多部，如果你每天看一部，你可以看三年。这就是我们整个项目的设计量。

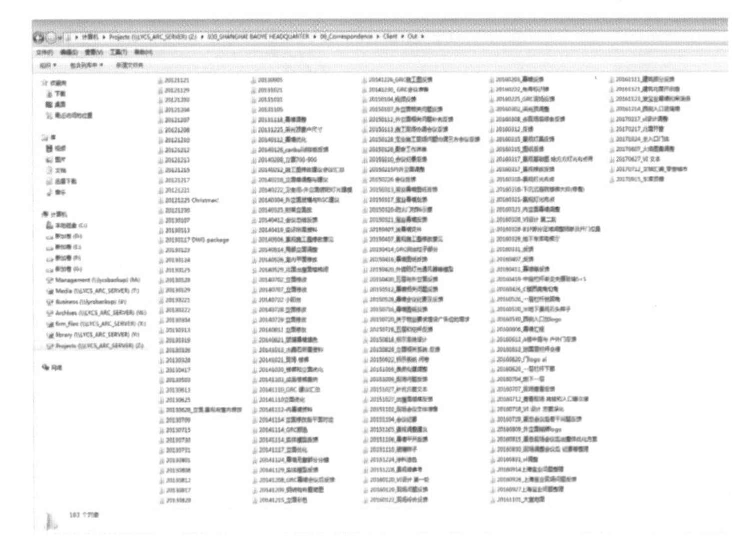

第三节

设计、工具，都藏在热爱的背后

拿下这个项目首先是整个团队的创新和创意。这个项目一开始进行的时候，业主进行了比选，我们在整个比选单位中脱颖而出，由开始的概念设计到方案设计，再到后期整体把控，逐步推进下去。

根据地段周边道路情况，西侧为城市主干道，交通流量较大，南侧和东侧为次要交流流线，建筑的主入口宜布置在西侧，次入口宜布置在南侧。

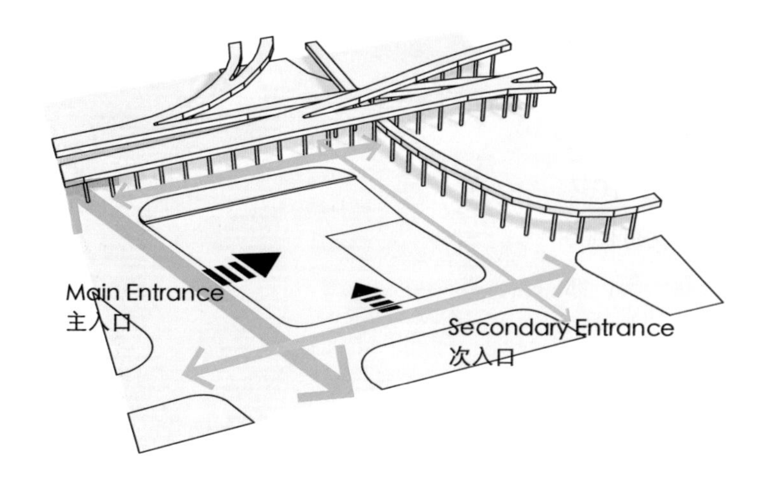

由于场地北侧和东侧受到高架桥（最高逾20m）的视线影响，而场地东部按照规划条件存在较大面积的绿地与景观空间，所以整体建筑的景观朝向与主立面应朝向场地东南侧。

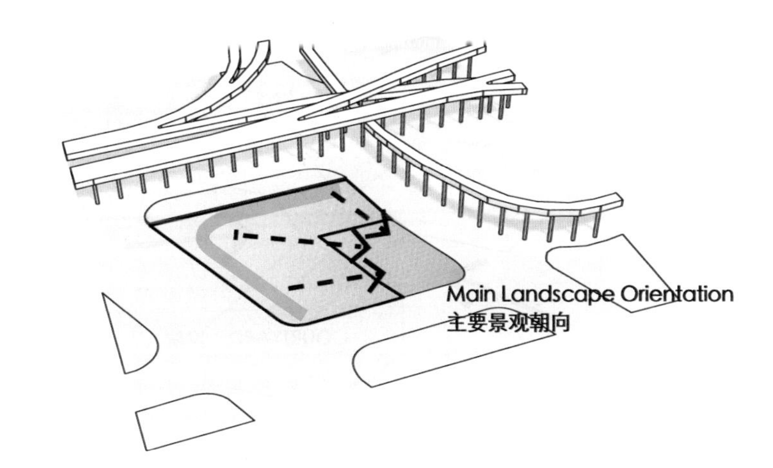

按照规划要求，地段西侧、南侧和东侧沿道路贴线率为60%，北侧贴线率为0%。该要求将会对建筑的形态与体量产生较为严格的限制。

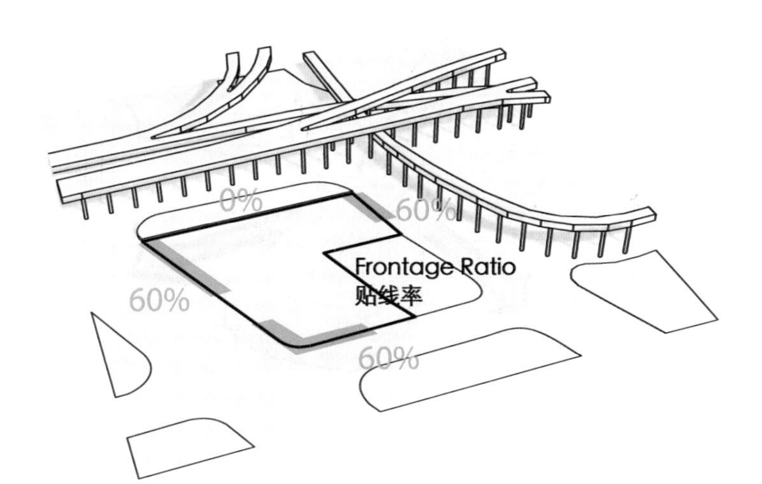

根据场地边界线塑造出L形体量，楼高4层。由于宽度控制为12m，中间建立了一个大庭院空间。

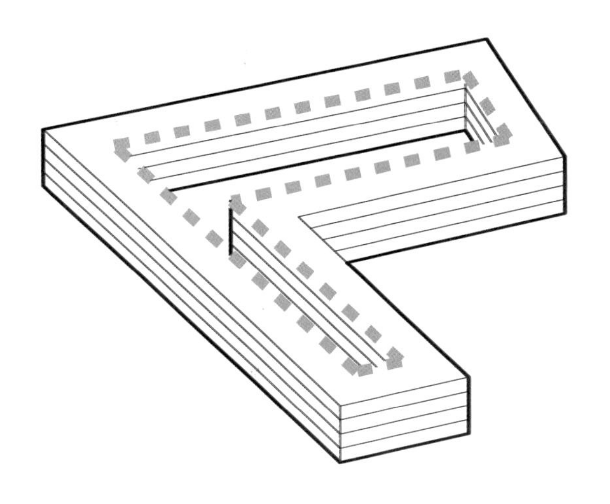

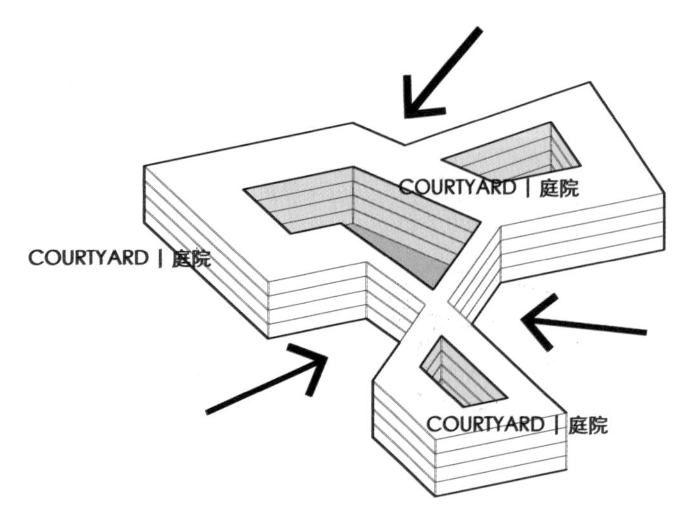

将体量向内错位令庭院空间分成三个区域，也形成三个庭院。

将体量错位部分抬高令地面层交通能够内外贯穿。

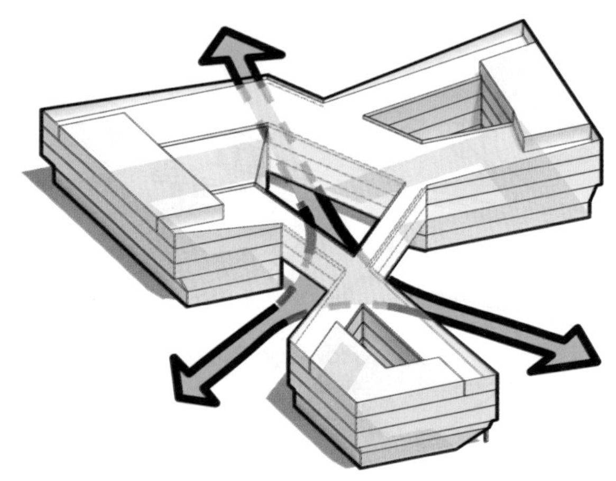

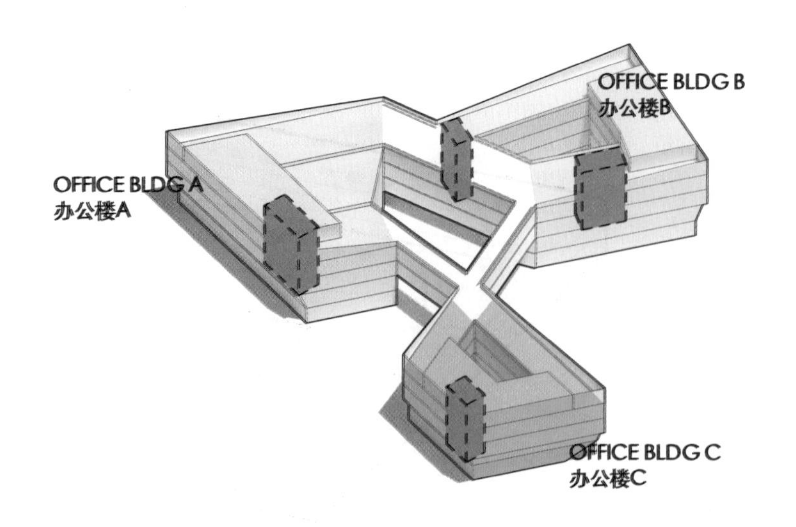

抬高部分形成连桥，将三座4层高的办公楼连接起来。三个核心筒分别与不同广场相连，将人流交通分散至不同区域。

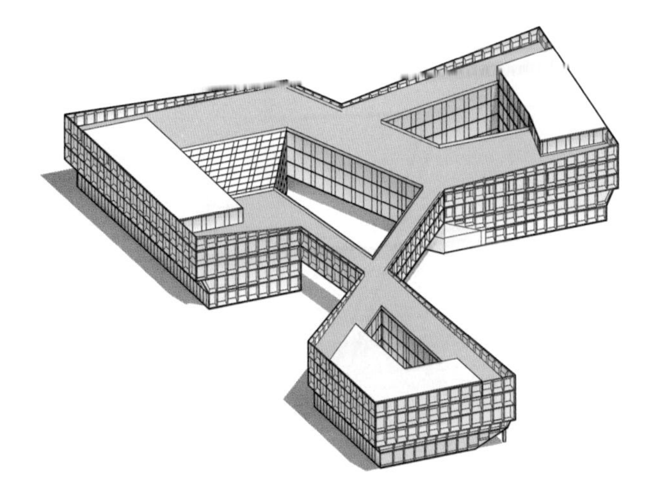

屋顶设计成绿化空间。立面设计以遮阳屏板做形体，根据自然光对室内的影响与屏板斜度做相对改变。

场地设计根据建筑形状间设成六个不同的庭院空间。

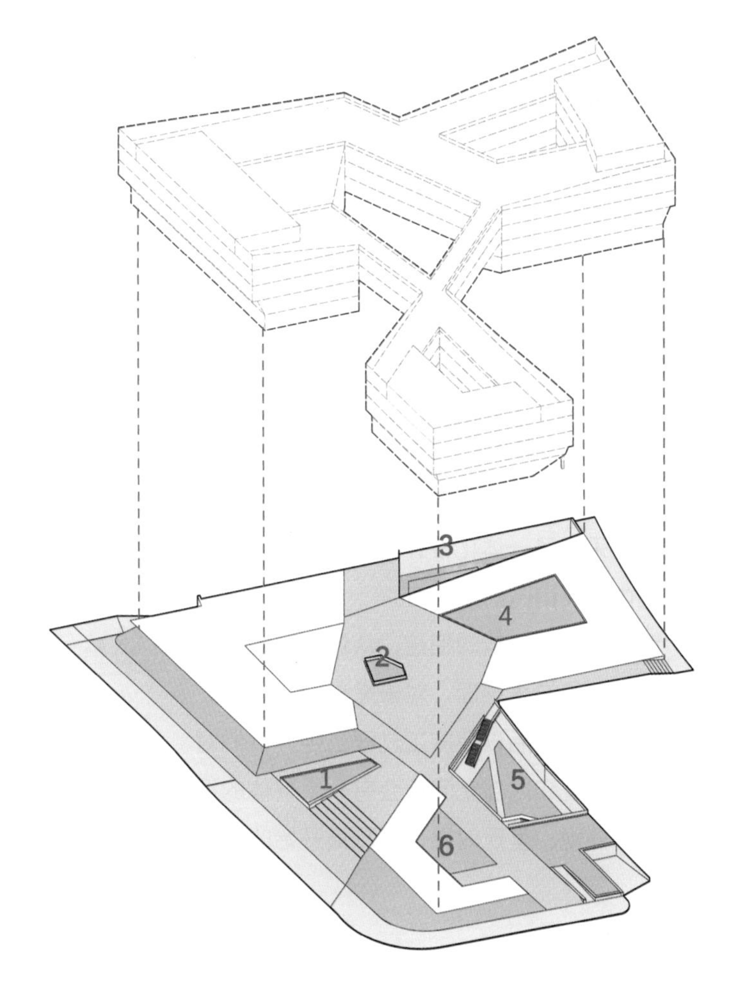

规划设计

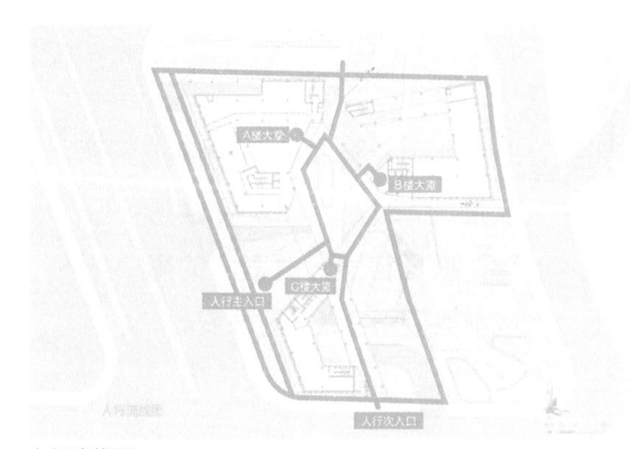

人行流线图

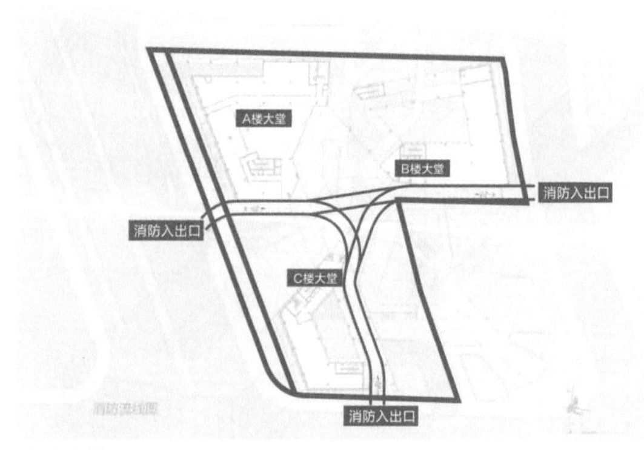

消防流线图

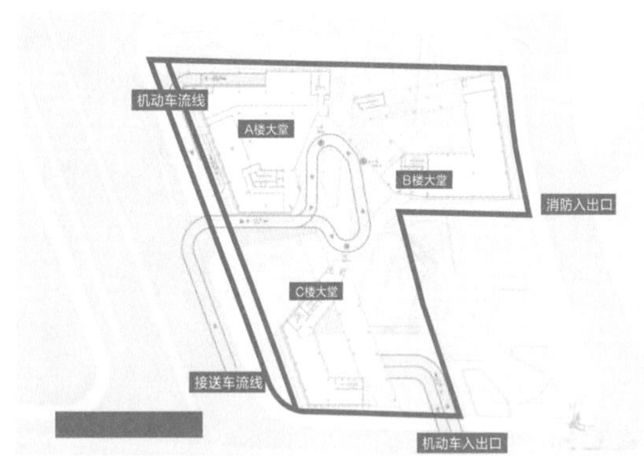

车行流线图

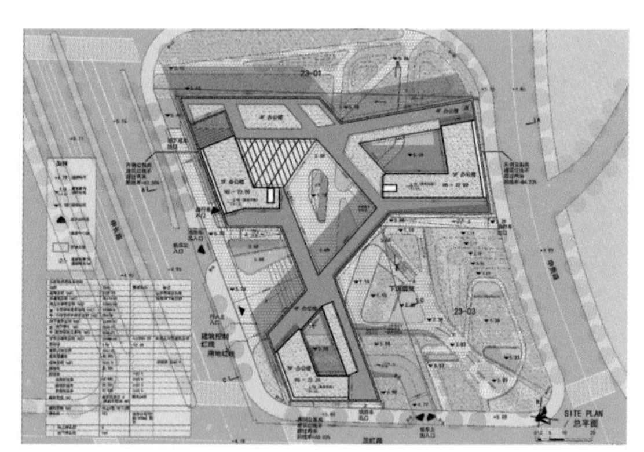

总平面

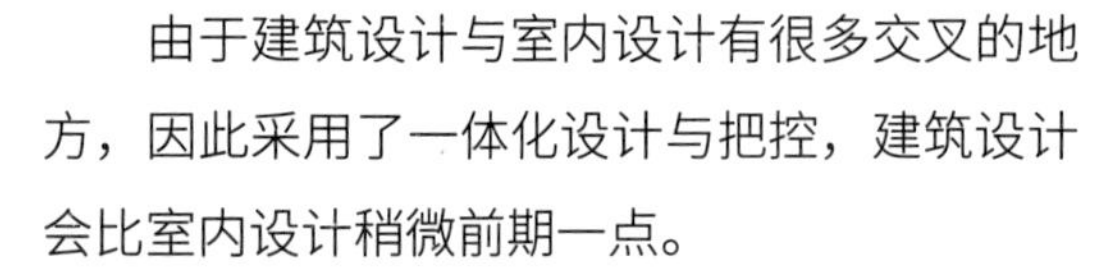

由于建筑设计与室内设计有很多交叉的地方，因此采用了一体化设计与把控，建筑设计会比室内设计稍微前期一点。

我们对整个建筑的把控，从设计开始，就已经在施工和技术层面，对未来进行了考虑。在施工图完成之后以及施工过程当中，我们对于项目的外观和内部空间都会有一个整体的把控，包括外观、呈现效果，以及最开始的设计意图上。

在做设计时我们到底用了哪些工具

一开始做方案设计的时候，外立面要呈现出一定的波浪效果，是对绍兴水乡的意象，最开始的效果整体非常顺滑，就像波浪的曲线，你可以想象它是非常柔美的一个线条。

在实际的施工过程中，肯定是需要对这种波浪形状的曲线进行优化和标准化，所以需要用一些软件，像犀牛、Grasshopper，把这些非常顺滑的曲线进行二次加工，也就是用直线

段来拼成整个曲线的效果。我们从计算机上看到的一个理想状态，最后优化成用22个基本的单元也就是22条线，使整个立面呈现非常顺滑的波浪形的效果。

BIM在建筑设计中有哪些应用

BIM现在在国内已经开始有一定的推广和使用了，在我们看来它分一前一后两个趋势。

所谓后的趋势是它会在整个施工过程中，以及在建筑设计和室内设计衔接过程中，起到一个非常大的作用，优化整个信息的传递过程。

举个例子，国内大多数施工过程的建筑设计与室内设计是脱分开的，施工由不同的施工队进行，包括设计节奏也是分开的。在建筑设计阶段设计好的那强弱电点位在精装修设计的时候往往会重新布置一遍。

再比如，建筑设计中的有些管线布置，特别是空调管，在很多桥架设计完之后，有可能会发现“打架”，或者不同专业在协调的时候发现，这个梁可能太高了，那么整个桥架要往下调。按照传统的设计模式，在建筑设计阶段是很难发现这种在立体空间上可能存在的转角以及高差的问题的。

所以BIM在这方面就有自己天生的优势，因为它是一个建筑信息化模型，它能够把建筑

各个专业，将结构、水暖电以及空调等这些专业需求的东西都整合在一个建筑模型里，可以非常直观地知道，整体的管线怎么布置，最后得到建筑净高可以多高。BIM对室内整体的设计也有指导性，比如确定地面的铺装高度等。相当于把后期可能存在问题，前期在计算机里就能把它解决掉，这是我们对BIM后期解决应用端的一个看法。

反过来说，在前期设计阶段，它的应用的潜力还没有被完全挖掘出来，或者说有一定的难度。

为什么这么说？例如我们公司，比较追求创新创意的一个设计过程和设计结果，我们前期会做非常多次的迭代，要求每个人进行非常多的试错，可能昨天做的东西今天就推翻掉，明天又会推翻今天做的事情。像犀牛和其他一些软件，非常适合这种不断的快速建模，然后快速迭代快速更新，使我们可以今天做完之后明天重新做一遍。 但是BIM就达不到这种速度，因为它整个的建模逻辑是用一种矢量化关系，它不存在一个坐标点，它存在的都是数学关系，把所有的建筑构件以数学的逻辑关系组织在一起，所以在前期设计的时候，感觉会非常吃力。

在目前软件设计的应用场景下面，这是我们对BIM的看法。但未来如果像人工智能、机

器学习这种技术引入之后，在设计前期我们不断地指导它，告诉它我们的注重点，然后不断对它进行参数化输入之后，它会自己不断学习迭代，未来的这种信息化模型，它的前景会非常广阔。

后期施工过程及施工快要开始前的一个阶段，使用BIM提前发现施工中可能存在的问题，以及提前想好解决方案，还是能发挥很大作用的。

举个例子，从外立面图中你看到墙面由一个个单元拼接而成的，而单元就是由专门的BIM团队建立的，根据需要在BIM里可以调用不同的单元把它们组装在一起。

建筑层与层之间有转角的地方，这个地方

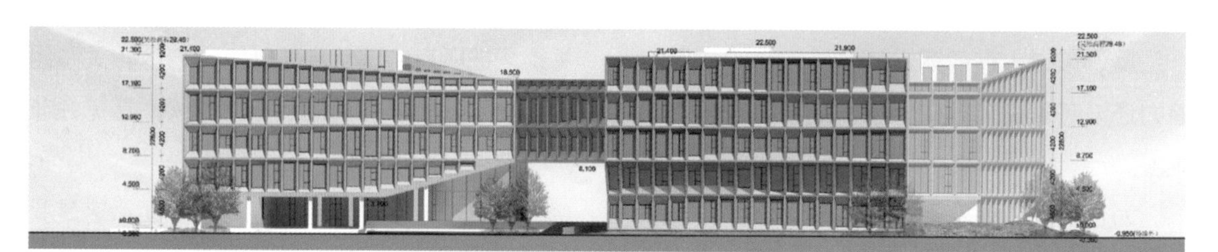

东立面

南立面

西立面

北立面

的交接与节点可能在平面设计或单元设计时不容易注意到，使用BIM会发现原来这个地方可能会出现问题，这个转角节点要处理一下，这时候我们就可以对施工图样上进行一定的优化，提前把这个问题都解决掉了。

也就是说BIM在这个项目中最大的作用，其实是在结合装配式的使用，这个帮助是最大的。

设计中的遗憾与自豪

在整个建筑外立面设计，包括整个建筑空间里面，我们觉得已经非常好地体现出我们最初的设计意图了，但是还是有设计里面没有考虑特别全面的地方。

比如说在建筑内立面设计时，考虑还不够全面，它的做法可以更成熟一些，对一些细部做法或一些比例尺寸上没有做到位。

我们把比较多的精力集中在整个建筑的外观以及整个空间层次方面，而在比较接近人的尺度层面考虑的就相对少一些。比如你走到一块玻璃前面、走到了一堵墙前面，你对包括纹理、大小、比例等的元素是有感知的，玻璃和墙对你是有很多影响的，以后还要再对这部分进行改造、把控，任何一个细节都不能放过。

最自豪的地方呢，我们觉得是建筑室内设计一体化设计能够顺利实施，最终至少有90%以上的工作实现了我们的设计意图，这在很多项目中是十分困难的。

我们在施工过程当中，基本上每周都会去现场，每次都会发现不同的问题。无论是外立面、内部空间或者室内层面的问题，我们都会积极去解决，让团队的设计意图展现出来，这也是让我们觉得非常欣慰和自豪的事情。

建筑师坚持的意义

因为现在很多行业里面，经常有人抱怨说建筑师被业主牵着走，或者是建筑师特别无力，我们觉得这与你怎么看待这个职业，怎么看待你做的事情有关系。

如果你真的非常热爱这件事情，热爱你的创造，热爱整个团队成果的话，你与业主与施工队千方百计去沟通、协调，会找出各种各样的方法，愿意花时间来将你的想法以及团队整个的想法落地。

只有你真心认为它非常重要，并且是有必要的时候，一个建筑作品的完成度和创新度才能实现出来。

第三章

创新精神：装配式、外围护

第一节

传统与创新的平衡管理

——宝业集团上海建筑工业化研究院 恽燕春

上海宝业中心项目在定位之初，就是定义为在上海虹桥区域，要做一个地标性办公建筑。所以在立项之初，公司就派出了设计人员和工程人员去欧洲进行了考察，对欧洲一些标杆性办公装配式建筑进行了深入调研，也与当地一些参建单位进行了比较深入的沟通，对整个设计、生产、施工流程，我们都进行了深入了解。然后我们就把深入调研、沟通得来的信息通过讨论，融入到项目前期的设计策划当中。

所有的设计协调管理当中，我们都本着一个综合性管理的理念去做，将所有的一些相关的技术环节，在我们的设计前期都纳入考量，包括在整个的技术落地措施上，我们都致力于保证它的整体的设计效果和还原度。然后设计部在这个工程中，做了一个综合性的协调，从各供应商到我们整个的各设计单位，其实都由我们进行了一个统筹的管理，保证最后效果呈现出一致性。

上海宝业中心项目获得了很多荣誉和绿建相关的认证。在整个项目建成之后，其实我们也在致力于相关技术体系和标准的梳理。这两年我们通过与上海建筑科学研究院合作，已经完成了国标绿建三星的内部设计指导手册和上海宝业绿色节能建筑设计分册的编制。我们也进行了一个联合发布的活动。

装配式地下车库施工

装配式地下车库已经是宝业集团比较成熟的一个技术体系了。我们在安徽有比较多的应用，积累的成果也是比较丰富的，有比较完善的标准体系和实施体系。但上海是第一次引进，碰到的是审查、评议等程序上的问题，例如需要编制一些专项审查文本以及专家会议去推行落实，但在整个的实施当中，其实相对来讲还是比较顺利的，因为相应的技术积累已经是比较全面的。

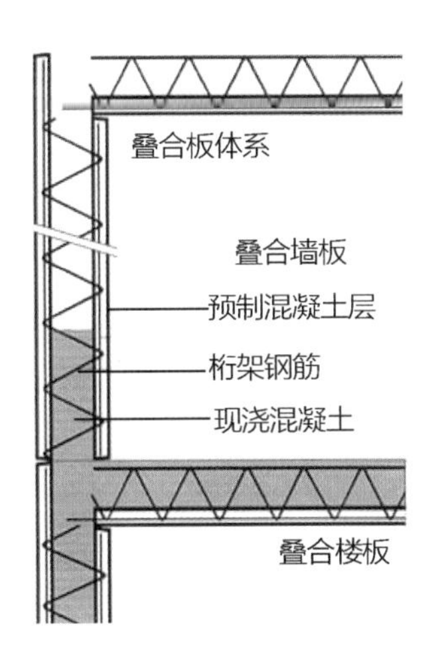

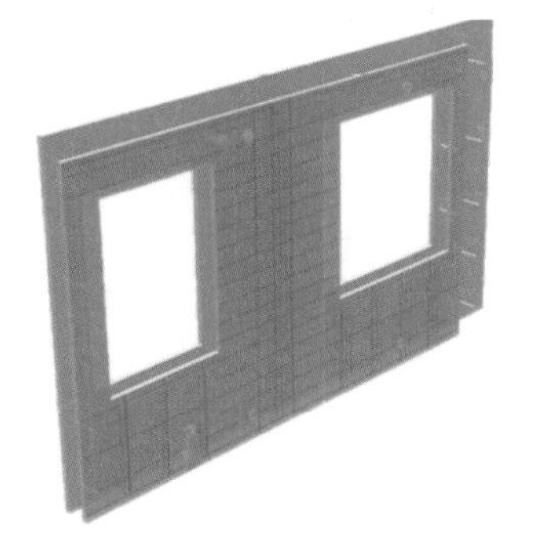

预制叠合板剪力墙结构是由叠合墙板和叠合楼板，辅以必要的现浇混凝土剪力墙、边缘构件、梁、板，共同形成的剪力墙结构，具有较好的自动化程度及安全性，在上海宝业中心地下室、地下车库、地下管廊等地下工程中也得到了较大的应用。

施工安装主要分这么几个步骤：

1. 基础底板施工

基础底板施工与传统施工方法一致，只是对预留的墙体竖向插筋的尺寸及位置要求较严格。基础底板施工完毕，墙板吊装前应对基础预留的墙体竖向钢筋进行检查和调整。

2. 墙板安装

墙板吊装前要对底板基础面进行测量，并在每块墙板下脚放置水平标高控制垫块。叠合墙板应按要求进行吊装，每块墙板用两根斜支撑固定和调整。

3. 预制墙板底部拼缝处理

墙板吊装完毕后，工人即可进行拼缝处理工作，一般用木条封堵方式。

4. 现浇梁、柱施工

叠合墙板安装完成后，即可进行现浇框架柱施工，包括钢筋绑扎、支模、混凝土浇筑、拆模等。框架柱施工完毕后，开始进行现浇框架梁施工，包括支底模、绑钢筋、梁侧模加固等工作。

5. 叠合楼板施工

楼板支撑安装应按设计图样要求进行布置，与框架梁施工穿插进行，尽可能减少施工工期。叠合楼板吊装，应按照设计图样中的安装布置图进行，布置图上有详细楼板编号、尺寸及位置。

6. 管线及上层钢筋放置

叠合楼板上的水电线盒及管道会在生产阶段提前预留，安装完毕后现场只需将其管线连接即可。楼板上层钢筋应置于格构梁上弦钢筋上，与格构梁绑扎固定，以防止偏移和混凝土浇筑时上浮。

7. 检查验收、浇筑混凝土

混凝土浇筑前，应按相关规范对叠合板安装及现场钢筋绑扎等项目进行检查验收。混凝土浇筑应从墙板开始，分层浇筑，每层浇筑高度不大于80cm，间隔时间一般不小于1小时。

GRC幕墙施工

幕墙这部分既是整个项目最大的亮点，也是最大的难点。项目的建筑设计是新锐建筑事务所零壹城市做的，展现的是绍兴桥和水的意象，建筑立面上拥有一种水波的动感。我们一直在探讨到底用什么材料才能最原汁原味地呈现设计师的理念。

最开始我们找的是石材，但是后来发现，石材整体的效果很难达到我们的要

求。后续我们考虑了普通GRC，但无论是耐久性还是整体强度上，其实也没有符合我们的要求。

所以幕墙的设计上，我们停下来有大半年的时间，我们找了很多国内外的优秀幕墙咨询单位进行咨询，希望把国外比较成熟的复合型GRC体系引入进来。最后是一家美国的幕墙咨询顾问，给我们提供了一个装饰保温一体化的GRC单元墙板方案，同时也协助我们在国内找到了合适的生产厂家，配合宝业集团的深化设计能力，这样就形成了一套比较完善的符合GRC单元外墙板的设计体系，最终运用到了项目的外立面设计当中。

为了体现整个水波这样的动态，外立面进行了相当多的变化处理。854块外墙板，几乎没有一块是一样的。为了形成这样一个灵动的感觉，对于墙板的生产就有很高的要求。我们做了一些特殊处理，最大化模板的周期和利用率，来生产复杂多变的外墙立面造型。

生产完成之后，我们利用BIM技术，进行了预拼装的工作。具体来说，就是在BIM软件当中，将整个安装步骤进行了详细的模拟，以确保实际安装当中没有误差，不会出现一些不可预见的问题。同时，我们也联合上海建筑科学研究院，对整个幕墙体系的水密性、保温性、气密性、抗风性等主要性能做了全面的测

试，从而验证了这套幕墙设计体系的可行性和技术先进性。

因为前期进行了一些三维模拟，对幕墙性能进行了比较完善的测试，还把外遮阳系统都很好地融入了其中，所以最后建设实施当中还是比较顺利的。再补充一点，幕墙吊装其实也是其中的关键技术。在现场，我们对整个吊装方案进行了好几轮优化，比较好地保证了整体的安装质量和施工进度。

甲方设计部的协调方法

项目的顺利推进主要还是归功于我们的设计例会制度和比较有深度的设计管理。

我们在整个设计管控过程中，每一周会有一个小型的设计例会，主要的设计单位会参与进来；每两周我们会有一个相对大型的技术沟通会议，一些主要的设计供应商参与进来，然后各方对技术进行比较深入的沟通和探讨。

一些技术问题，我们一般都是预先做一些设想，然后在设计环节当中进行比较，快速地解决，以保证我们在整个图样推进当中能有阶段性的成果，以及实施当中会比较顺利、高效。另外，在整个设计管控当中，我们设计部组织了相当频繁的设计巡场来配合现场项目部的实施，所有问题现场发现，现场解决，所以能高效地沟通并解决问题。

原来我们说的设计管理，主要是管住进度、质量、成本三项。但是我个人觉得设计管理这个岗位的内涵，在这两年有一个比较大的拓展。现在，建筑的工艺技术是一个快速发

展的时代，可以说是日新月异，而且我们每个项目都会接触到很多新工艺、新技术。作为一个设计管理者，你是第一接触人也要成为第一掌握人，对技术从认知到实践应用的学习能力非常重要。另外还有一点，在整个设计管控当中，其实我们更关注的不仅仅是设计本身，还要关注建筑大系统的各种集成，这涉及相当多的专业专项设计配合。所以对于一个设计管理者而言，需要具备综合的管理能力以及综合的知识储备。

创新和尝试

创新的动力主要是源于宝业集团一直站在建筑工业化的高度去创新和尝试。

第一，我们一直倡导的是装配式建筑，不代表重复或者是千篇一律。就像上海宝业中心，在整个外立面效果当中，通过新工艺、新技术的应用，已经做到了国内一流水平，很完美地呈现了设计师的设计理念。这也是我们真正倡导的，就是装配式建筑不是单调的，完全可以去主张设计师的个性。

第二，宝业集团一直认为装配式建筑不单单是指结构的装配式，而是一个完整的建筑大系统集成，包括了从建筑环节开始，各专业专项如何在建筑当中集成起来，共同去完善整个建筑的功能和配置，这才是真正地从装配式到建筑工业化的一条必由之路，也是未来整个建筑行业转型升级的一个重要的动力。

第三，宝业集团在建筑工业化探索当中，坚持永不停步地创新并实施。在每个项目中，我们都会有新的工艺、新的技术投入应用，也是希望我们的这些探索实践和总结形成的点滴成果，能够在整个建筑产业转型升级的道路上，为整个行业贡献一份力量。

自从上海宝业中心的GRC墙板成为网红以后，就吸引了大量行业内人士前来参观考察，为此，我们每周都要接待好几批参观团队。而且因为它的技术先进性和独有性，我们已经把它打造成了整个集团比较有竞争力的产品体系，已经成为我们对外输出的一项重要技术。

第二节

“最美装配式”背后的故事

——樊骅

上海宝业中心与我还是比较有缘。因为我来上海是2013年的七八月份，那时候正是宝业中心设计方案中期阶段，我们正在寻找GRC供应商，正在讨论GRC能不能做。那时来了之后，也参与了设计讨论会。设计是一种融合，是各个方面汇聚在一起而形成的。

今天大家看到这个建筑很简洁、漂亮的外立面方案真不是哪家公司独自就能完成的。我记得我刚来的时候是夏天，天挺热，我们找了国内好几家做GRC的厂家做样板。我们专门跑到一家国内最知名的GRC生产厂商去看他们给我们宝业中心做的样板。

看完了，我当时就崩溃了，因为我来宝业是奔着做装配式建筑、做预制这个行业而来的。GRC虽然同样是混凝土制品，但是它们与预制构件相差甚远，两套逻辑、两套系统、两套技术路径。

厂家给我们所做的样板是常规意义上的GRC装饰表皮的样，而我们要求的是做构件的样。但之前他们没做过GRC白色混凝土构件，一直做的是装饰表皮，所以他们做的这个样，让我很难接受，我觉得没法按照构件的路径去进行安装或者考虑预埋。

那么这时候，我们就开始讨论这个事情该怎么继续下去。一个样板在一个地方放了大半年，之后又专门找了给中国香港、中国澳门以及国外供货的一些供应商来做，结果还是不尽如人意。我们也有一个幕墙顾问公司，他们很坚持，说这个方案一定是可以的，一定行。

但每次讨论到具体细节的时候，总有一些问题让大家很疑惑，又没办法给出解决方案。项目一直因为GRC幕墙方案搁置着，夏总非常着急，开会的时候就说："樊总，方案到底还行不行？"

后来我们干脆自己做了一个样。实际上这个样还仅仅是一个GRC混凝土本体，没有集成设计在里面，存在很多没有考虑的因素。例如窗要怎么设计，灯光要不要融合，雨水怎么排，要不要做遮阳百叶，整个安装中埋件是埋在GRC构件里面还是做在钢框上面等，这些东西都还没定。

那时候也比较巧，当时正在和上海建筑科学研究院谈战略合作。于是我们就与建科院一些相关的、比较资深的总工请教这个方案到底可行不可行。当时得到大部分的回复是：你们疯了，用GRC去做幕墙系统，以后肯定是要出问题的，因为上海的GRC项目没有说几年之后就不开裂的。

那个时候我们就很晕。当时，我觉得一个转折点就是我们的幕墙顾问公司，他们把美国一个专门做GRC产品的公司请过来了。

美国人讲了GRC在美国有三个系统。第一个系统是我们国内用得最多的系统，即装饰系统；第二个系统，就是用GRC直接做混凝土构件，与我们现在做PC构件的道理一样，外挂板直接就是高强的白色纤维混凝土，即纯GRC构件；第三个系统是中国香港数码港那边有些高端住宅用的方式，即GRC做了一层表皮，后面还是混凝土构件，GRC做了一个装饰层，后面打的还是混凝土，不是纯GRC构件。

这三个系统解释完之后呢，我觉得都可行。只不过是我们国内一直认为GRC只有一个装饰系统的作用，还把这个装饰系统做烂了，就是我们用人家的材料、用粗糙的方式、用便宜的配比制作，最终不过只成了一个形，但是没有成质，也不具备一定的耐久性，所以即便是第一个系统也做得很差。

第二个系统我们没有尝试过，第三个系统我们在我国香港有案例，中建海龙分公司在内地第一次做了尝试，过程也是非常艰辛，大家如果去过海龙深圳公司的话，就会看到他的那个GRC样还摆在那个地方。后来我觉得可行了，但我们做的那个样，还需要去上海建科院做一些检测、去市里做些评审，比如构造是不是符合我们幕墙的标准，安装能不能做到位。

我印象非常深的是上海建交委、科技委组织的评审会。这个评审会让我受益匪浅。会上我发现，评审会请来的资深专家都是各个方向的，有建筑的、节能的、消防的、结构的、材料的。评审前，我们认为已经做了一个非常完善的方案了，但一轮专家评完之后，你就会发现里面还有很多问题，要回去改。

比如说我们消防构造认为已经符合消防要求了，实际上还是没有真正符合。比如说结构的连接方式上，专家给我们的意见是可以按照钢框加装饰皮的方式去做，这是我们国内规范能够接受的。当时上海所有的人也都认为必须做钢框，必须把GRC当成装饰皮。其实就是没有人直接用白色混凝土做构件，直接预留预埋，挂到框架上去。但是我们觉得美国可以这样做为什么我们不能这样做呢。其实上海宝业中心这个GRC外皮是直接可以挂上去的，因为它的强度非常高，有2~3cm的厚度，是可以直接通过构件的方式进行安装的。但后来我们还是妥协了，改了，非常可惜。

后来一轮轮的评审会评审我们改的成果。每个专家评审完之后，我印象最深的是评审组长的点评——沈工，他是同济大学结构专业出身的，也是上海的评审专家。他最后说了一句话，我当场就崩溃了，因为我们坚持的东西被99%的人都反对。最后组长说，你们这个框是多余的，加这个框传力传半天，还是传到了构件上，其实构件埋个埋件直接就可以上了，钢框是多余的。

我觉得这句话对我人生的启示非常大，当99%的人都说这个东西对的时候，有可能这个东西是错的，当99%的人都认为这个不行的时候，这个东西有可能就是行的。所有的人都觉得这个不行，但是最后评审组组长反而与我们的意见是一致的。

因为当时我们图样都已经做到一定程度了，样已经做了，已经没时间再改了。因为为了外墙的方案，我们整整耽搁了大半年，那么这一点说明了什么？如果换成其他的开发商或者其他投资项目，没有一个公司会因为你这个外墙的方案就把项目搁在那里这么长时间，我想，任何一个公司都很难去接受这一点，这可以看出夏总和宝业集团对理想、对美好事物的一种追求。

面临的其他技术问题还有很多，比如耐久性、五年之后会不会变颜色，下了雨之后会不会有问题，灯光怎么集成进去等。因为组合的原因，我们国内有很多配套跟不上，所以有些想法也没法完成。

比如我们当时想的是，窗子可以做成呼吸的。呼吸的方案怎么做呢，有两种方案。有一种是类似YKK的窗，一拉风就可以进来了。当时幕墙专家也提议，可以做，这个方案就是通过孔的方式进风。后来了解到市场上没有这样的成熟产品，最后我们还是放弃了，因为没有成熟的、可以整合到里面去的产品。所以，GRC幕墙方案最终是妥协的结果，但还是可以看出对于GRC幕墙，我们花了很多的心血在里面。

对于GRC白色混凝土，我们当时打的是胶。那个时候国内的装配式建筑还没有大规模地推广起来，大家对胶的认识没有很深。其实我们打的幕墙胶，对混凝土和石材都会有污染。有些项目，打完胶过段时间你就会发现，打完胶条缝的地方都是脏的。实际上，GRC也会受到影响。

那解决方案是什么呢？

我们当时在GRC外层加了一个铝合金的框，实际上打胶的接触面都在铝合金上，对GRC的污染非常少，很符合我们原来玻璃幕墙的系统，这也是通过妥协的方式来达成的。因为当时没有专门的双组分的胶来做这个事情，现在由于装配式建筑大规模地推广起来，配套产业也起来了。当时呢，报价把宝业吓坏了，说GRC多贵、模具要开多少套。

记得印象很深刻的是在很多会上都要求零壹城市把几百种的形状调一调，调的种类要少一点，我们称为“少规格、多组合”吧。然后他们调，好不容易调到两三百种。但成本还是太高，后来他们付出了巨大的努力，终于调到了50多种。

以前我们看到的波浪是很柔顺的，现在也能看出波浪的形状，但这是个妥协的结果。

其实，50多种对于工厂生产来说也是非常麻烦。因为50多种形状都要去做模具，成本也是很高的。那时候，因为我以前是搞装配式PC、搞工厂的，所以幕墙顾问就问我，这方面有些什么经验。我看了图样后，就提出了一个方案：很多形状可以共用一个模具。

具体来说是，每个窗的大小是一样的，竖向形状结构是一样的，每个窗的区别其实就是窗洞的大小不同、上下两块的斜率不一样，说得通俗一点有些窗户上下形成的坡陡一点，有些平一点。那么对于模具来讲的话，可以先做平一点的，然后再往上加模具，做陡一点的，这样模具就能省下来。

后来反馈给工厂，工厂觉得行，也能做，这样的话，整个成本就能省下来了。记得这个项目做到一半的时候，我就问我们的项目经理张斌：“带框、带GRC构件，运到现场还带上安装的话，我们的GRC幕墙多少钱一平方米。”张斌说全部做完1400多元一平方米。当时我就觉得很不错了。如果当时那样的形状我们再去做石材、金属板或者其他材料，我觉得这个价格是很难做下来的。所以，以比较经济的方式实现了建筑师对立面的想象，在我们这个建筑领域立面还成为了比较标志性的技术，我个人收获很大，也很自豪。

很多宝业人看到这栋楼说，这是最美的装配式建筑。

前一段时间我去了一趟奥地利，看了他们的建筑博物馆。建筑博物馆把德国、奥地利从

1806年一直到现在2000年的建筑发展历程做了一个完整的展示。我发现了一点，我们今天所处的时代，包括我们今天做的宝业中心，做的这些材料，其实是欧洲20世纪60年代末70年代初，奥地利人和德国人做的事情。与我们现在一样，当时他们也在做大量的装配式建筑、大量的预制产品，比如清水混凝土、白色混凝土等；也在进行各种幕墙新材料的尝试，那个时代就是他们建筑外立面材料日新月异的时代。建筑师提出各种各样的需求，材料供应商不断生产出各种各样的材料，一个一个项目去尝试。那个时候我和恽燕春博士去欧洲考察，德国1982年建的预制外立面的楼，比我们现在上海宝业中心的楼还要好，我算了下时间，差了将近40年。

建筑材料也好，相关的安装技术也好，配套的一些产业也好，我觉得我们是在追赶别人的路程，在缩短与他们的差距。有幸的是，如果没有像阮昊、詹远这样的建筑师，我们国内可能很长段时间都没有人愿意去尝试这些新的东西。如果没有宝业集团，没有夏总这样理想主义的公司的话，也很难出现这样的产品。我们的设计周期快快快、施工图快快快、整个项目快快快，处于这样一种节奏下，是很难出精品的。不是说我们做不到，而是我们环境的问题。

所以说，未来我们还有很多路要走，不光是我们讲的装配式、节能、材料。我感受很深的是，每次去看欧洲建筑物的时候就发现我们很多建筑都只是完成了形，我们宝业中心也有这个问题。我们完成了一个非常好的外形，但是我们一到细部的时候，就发现缺很多好的材料、好的工艺。有时我们看到好的材料非常贵，因为我们国内没有，要完全靠进口。

我个人觉得，我们真的不光是在芯片这个领域，在最基础的建筑行业的领域，我们都是落后的，落后人家很多。基础材料的研究也好，机械化研究也好，这些课我们都要补了，需要各个行业的人努力，尤其是我们设计牵头人，我希望零壹城市在国内做更多前瞻性的工作。

很巧的是，昨天某公司老总打电话说宝业中心是装配式的白色混凝土产品的标志性建筑，也是因为你们有了这个建筑之后，国内有很多需求。所以那边去年就开展了高强白色混凝土的研究和实验，也出了成熟的产品。我想说，项目是人家的，但是人家肯花力气去研究了，这里面是有零壹城市的贡献的，也有宝业中心对全国影响的贡献。

很幸运，也很荣幸参与这个项目，最后能感受到项目成功的喜悦。

第三节

宝业的GRC系统
和质量控制方法

GRC+PC墙板具有GRC的表面特性和各类强度、重量上的优点，局部采用传统PC墙板的技术加以加固，可以形成较大面积的独立单元。

1）GRC+PC外围护单元系统技术是同窗系统连接在一起的，共同组成独立单元。

2）GRC+PC系统采用了单元式幕墙上用的等压腔原理进行防水，而不完全依靠打胶，这是首次在类似项目上使用。

3）具有二次防水、防火、保温的构造，使其在整体性能上有所提高。

4）连接方式具有三维调节能力，这也是以前类似系统所不具备的。

5）单元之间具有平面内变形能力，即每个单元之间留有变形缝，有上下左右滑动变形特性，以释放温度应力或地震造成的外应力。

6）材料性能明显优于国家标准，表面无需任何涂料或其他装饰即呈现出天然石料的效果。由于在表面处理上采用了憎水剂和防水剂，其防水防污能力极强。

7）GRC+PC单元共块，有多种不同的尺寸，为了保证工厂化生产的顺利进行，在模具上第一次采用了CNC（数控铣削中心），使一副模具可以制作出不同形状的多个单元板。

GRC幕墙系统

GRC制品中采用抗拉强度极高的玻璃纤维为增强材料，因而抗拉强度高。抗拉强度比例极限（BOP）可达4.0~6.0MPa；抗拉强度拉伸极限（UST）可达9.0MPa。抗弯强度比例极限（LOP）可达8.0~10.0MPa，抗弯强度断裂模量（MOR）高达20.0~30.0MPa。

（1）主要原材料选用

玻璃纤维：采用NEG或者CEMFIL耐碱性玻璃纤维，其共同特点是能够耐高pH值的水泥浆体，同时具有耐久性好、强度高等特点。

水泥：背料采用波特兰水泥，符合英国水泥标准（CEMI～CEMV）；面料采用泰国白象牌水泥，其添加一定量的铁质颜料，使GRC产品表面达到白色或者浅色的效果。

硅砂：砂石的质量要求很高，采用的硅砂在使用过程中对二氧化硅及含水率的检测结果需达到规定要求；对于面层用砂，其级配控制在 0~2mm。

丙烯酸聚合物：使用该聚合物，能降低GRC 基层材料的渗透性，可以减少制品水分的蒸发，确保水泥完全水化。

（2）GRC原材料分布

面层主要用料：泰国白水泥，石英硅砂，丙烯酸聚合物，细短玻璃纤维及外加剂特殊材料（CanBuildU801+T701材料）。使用该材料后，使面层具有防水、防冻、耐污效果。

背层主要用料：波特兰水泥，硬质硅砂，丙烯酸聚合物，长玻璃纤维及CanBuild U801材料。使用该类材料后，使背层抗渗、防冻、强度和耐久性提高的性能。

GRC幕墙优点

1．无限可塑性

GRC墙板产品是将原料按一定配合比搅拌，在模具内浇筑成型，可生产出造型丰富、质感多样的产品。可根据客户和设计师的不同需要，进行任意的艺术造型，完美实现设计师的设计梦想。

2．质量轻、强度高

GRC墙板的体积密度为1.8~1.9g/cm^3，8mm厚标准GRC板重量仅为15kg，抗压强度超过40MPa，抗弯强度超过34MPa，大大超过国际标准要求。

3．超薄技术、尺寸大

GRC墙板最薄可做到25mm，宽度可达2000mm以上，长度不限，满足运输条件即可，也可表面采用6mm厚GRC，其余用普通混凝土浇筑成需要厚度。

4．色彩丰富、造型多样

GRC墙板产品采用同质透心矿物原料，可以根据客户的需求做成各种不同颜色及不同造型。

5．质感好、肌理多

GRC墙板产品表面可做成喷砂面、荔枝面、光面等不同质感效果，也可以做成条形、镂空、浮雕等不同肌理效果。

6．环保 、无辐射

GRC墙板属于可再生材料，有利于环保。原材料不含有放射性核素，为放射性A类环保材料。

7．防火、防水

GRC墙板原材料全部为不燃材料，经检测为A1级防火材料。在水中长期浸泡，GRC材料的形状及安全性系数变化很小，结构和性能均不发生变化。

8．抗污、不变形、超耐久

GRC墙板材料干湿变形小于0.123%，经过大量实验证明，GRC墙板具有超强的耐久性，不怕紫外线照射，经得起风吹日晒雨淋，耐候性远远高于一般的建筑材料。

9．隔声、抗震性好

根据GRC墙板材料厚度和表面处理方式的不同，可以达到良好的隔声吸声效果。加之其质量轻，强度高，相对于其他材料抵抗地震冲击能力更强。

10．工期短、维护方便、易更换

GRC墙板可大块生产分割，安装方法简便多样，且全部为工厂预制，有利于现场施工，大大缩短工期。

质量控制体系

1. 质量控制计划

根据ISO9001质量保证体系的要求，采取全过程质量控制加工、检验的质量保证体系。内容包括公司制订的《执行程序文件》以及《幕墙设计、制作、安装质量控制标准》《生产加工作业指导书》。质量标准不低于国家相关标准规定。

2. 质量目标

本项目质量完全符合设计和规范的规定。

3. 职责划分

公司执行由总经理负责整个工程质量，以质检部作为质量控制具体执行的职能部门的质量管理体系。从工程设计、材料供应、生产加工、施工安装等几个方面进行质量控制。每个部门均有详细的质量控制执行程序，并有相应的人员对质量负责。

工程设计部承担幕墙工程的整个技术指导和监督，向总工程师负责供应部由供应部长负责材料的质量，保证所购材料符合合同规定。生产部门由生产经理负责幕墙构件的加工质量。项目经理负责幕墙工程的具体运作，对幕墙的安装质量完全负责。

项目部下设质检员、技术员、材料员、施工员、安全员等专职人员，执行专项职能。计划中心质量各部门，对项目部相应职能工作人员进行联络、协调，确保项目部各项工作的正常开展。

4. 质量保证阶段控制

对各阶段执行质量控制，控制阶段包括合同评审，初步设计控制（方案设计控制），材料采购控制，对甲供材料的控制，对可追溯性和标识性控制，幕墙构件加工控制，幕墙施工过程控制，幕墙施工过程检验控制，幕墙隐蔽工程控制，幕墙竣工验收和交付使用控制，测量设备的选择，使用和校准控制，试验控制，不合格产品控制，纠正和预防措施控制，运输及防护控制，质量记录控制，质量培训控制、服务程序控制。

5. 业主及监理的质量控制

作为幕墙施工企业，应严格执行相关施工规范、标准。在施工中服从行业主管部门的指导，并全面接受业主和监理的管理。施工中出现违规现象，业主及监理有权中止施工。

质量保证体系

1. 质量目标

构件加工、组装：100%合格，优等品达到95%以上。

安装：基本项目70%以上抽检为优良，其余为合格；允许公差项目80%以上抽检为优良，其余为合格。

2. 执行组织

为确保质量目标，质保部将专门成立该工程的质量控制小组，负责该计划的执行工作和执行过程中的监督考核工作。

3. 设计阶段

总工程师要对本部门从事该项目的设计人员的工作质量负责，要控制整个设计工程的质量情况，确保设计图样的正确性。同时，要保证指导生产的工艺卡片编制的正确性、针对性、可行性。工程设计及工艺编制的方案，要进行最终的评审，经评审通过后，方可进行操作。此过程判定的依据为评审通过记录以及图样的会签等，此过程由质检部派专人进行监督考核。

4．材料供应阶段

供应部要对本部门该项目的材料采购工作负责，要严格按照公司物资采购控制规定采购材料，以确保原材料的质量与供货周期。质检部对采购回来的材料要按照规定进行检验，不合格材料坚决不准进厂。

此过程判定的依据为质检部材料检验单。此过程控制要点如下：

生产厂家提供样品，试验合格后，收样、报验。

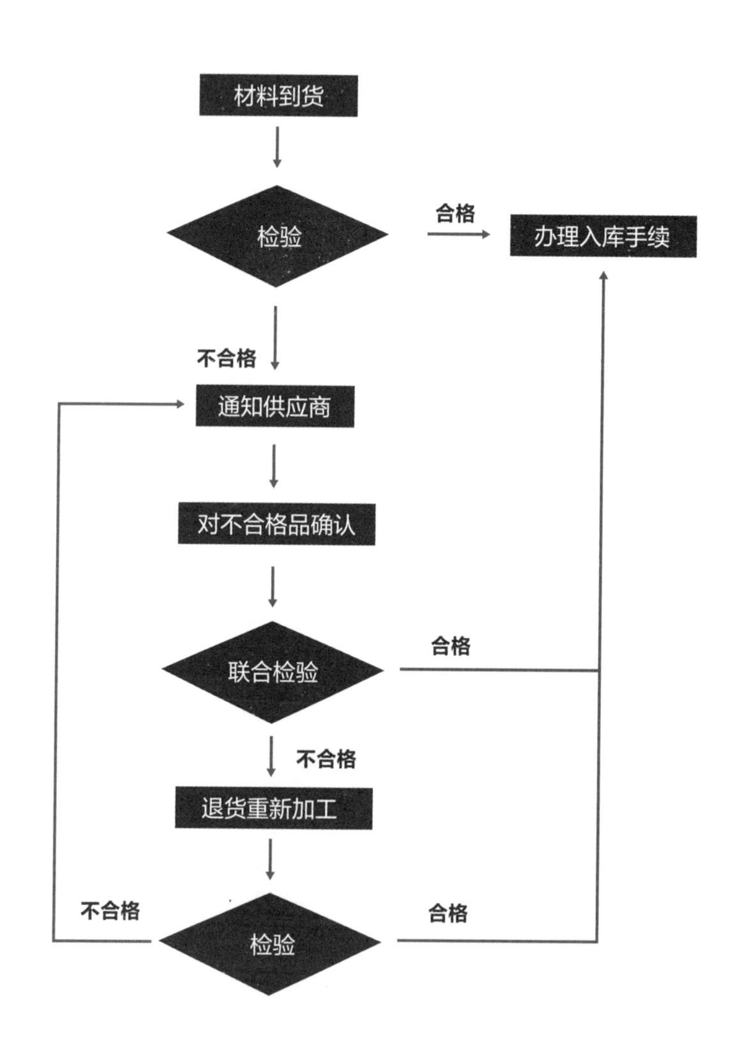

进货后，生产厂家要提供质量证明材料。

进货后，由计划中心抽样外委试验，合格后转入生产。

5. 生产加工阶段

生产部要对本部门该项目的元件加工和组装工作负责，要对加工质量进行全面控制，严格按照工序控制要求进行加工和组装。控制要点如下：

生产工人必须按照加工图样和工艺方案进行生产加工。

必须进行首检、自检和互检。检查时，要确认量检具的精确度。

对加工后的产品进行标识。

加工前，检查设备及工装的完好情况。加工中不能野蛮操作。

6. 加工检查阶段

质检部要对加工过程中的质量检验工作负责。对加工质量进行全面控制，控制要点如下：

进行巡检、抽检，并做抽检标识，每批抽检率为10%，每批数量不少于5件。发现不合格品，按不合格品审查程序处理。

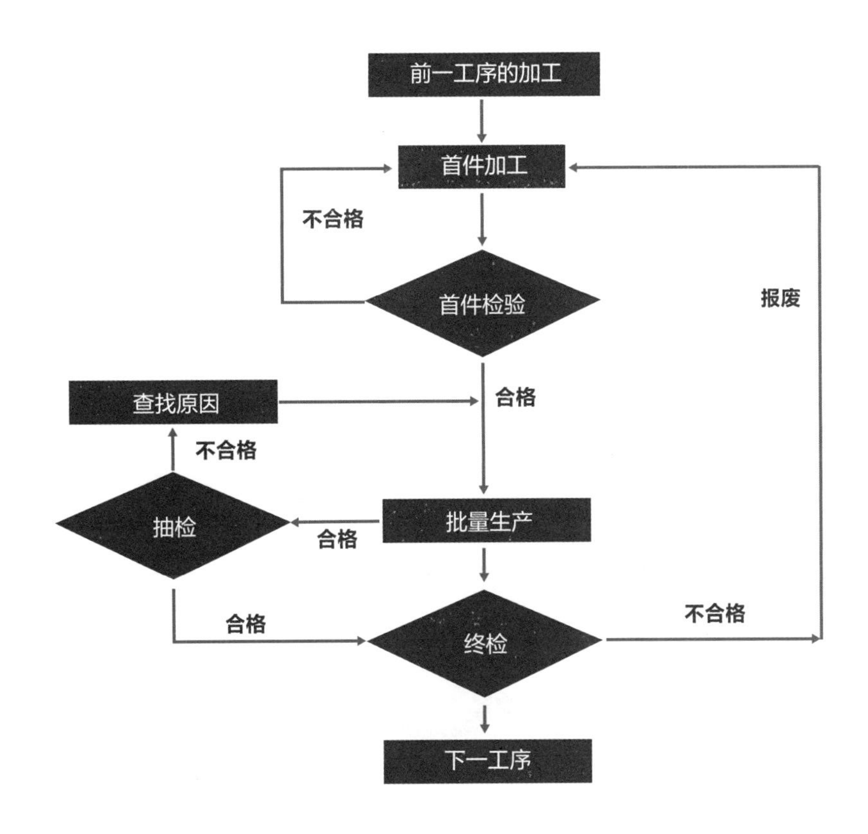

7. 安装阶段

工程项目部要对本工程的安装质量负责，对安装质量进行全面控制。项目部设有质检员，负责日常的施工质量检查、记录，并向监理单位进行沟通报验。公司还设有工程监察员，负责对安装现场质量、安全、管理、文明生产、各种质量记录等进行监督检查。

安装过程控制要点如下：

现场材料和构件摆放要符合要求。

预埋件安装处理要符合规范，防腐措施要切实可靠。

转接件安装要可靠，安装精度要在偏转范

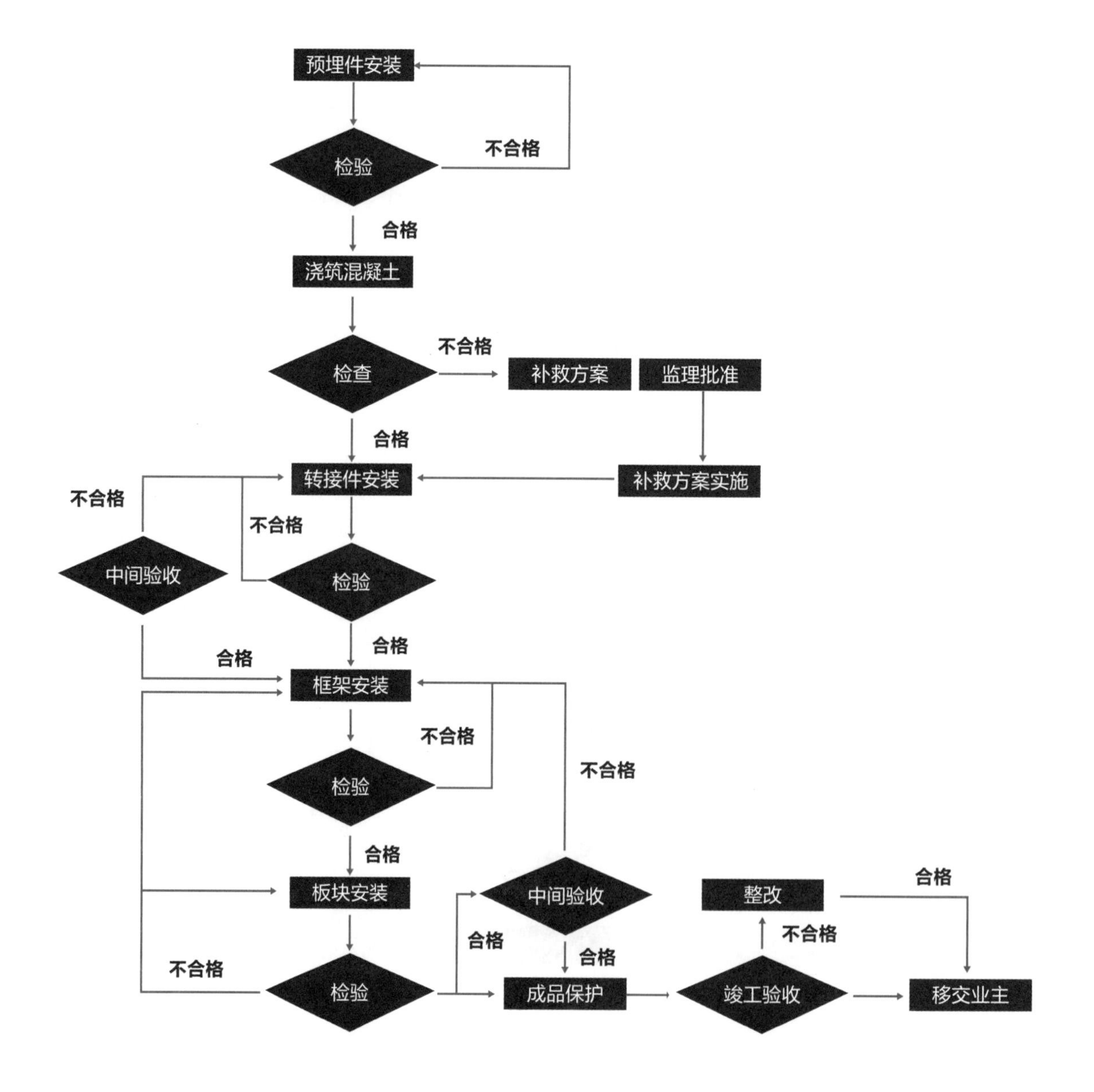

围内，切实做好防腐工作。

框架幕墙的龙骨安装必须控制在内控标准之内。

防火、防雷的处理要符合规范，满足设计要求。

要保证板块的安装精度及外观质量，安装后，要进行三维方向上的调整，使其符合幕墙板块的安装精度要求。

严格控制硅酮密封胶的打胶质量。

以上要严格按照现场安装过程控制要求和安装过程检验要求进行操作和控制。判定的依据为各种质量记录及评定标准。

8. 验收阶段

验收前施工人员应对大楼进行彻底的清理和清洗。由公司验收小组进行验收，验收合格后，交付业主进行最终验收。此过程控制要点如下：现场竣工资料必须齐全完备。幕墙应清洁、完整、可靠。

本工程阶段验收质量应全部为优良，现场检查得分率不低于90%，即工程必须达到要求的质量目标。

第四章

设计之内的设计

第一节

上海宝业中心 室内设计赏析

一层方案设计

一层在展厅、公共走道主要以现代感强的黑色作为主色调；在公共空间，考虑到阳光的照射，主要以白色、浅灰色为主，同时辅以植物栽培；在贵宾厅、会议室及相对较为隐秘的走道以木质材料为主，辅以深色系，形成空间的包裹感，进行区分。

1. 一层展厅设计

展厅主要展示建筑大师名言、建筑设计观发展、建筑材料及进化史、部品部件、装配式革命等主题，为的是让宝业建筑人以及参观者不要忘记建筑的本质和自己从业的初心，要站在巨人的肩膀上继续奋斗，为我国建筑事业贡献力量。大厅集成了非常多的智能化设计，仅用一部ipad就能控制展厅各设备的开启、程序的运行等。

设计：建筑设计观发展01

内容简介：随着人类对建筑功能的不断要求，建筑设计师在不断实现新功能的过程中，发展着建筑设计观。而宝业的建筑设计观——连接，正是建立在巨人肩膀上产生的，是对人类建筑设计经验的总结与凝练

形式：影片+触屏

内容简介：宝业建筑设计观——连接专业，凝练，建筑哲学的方式进行表述

形式：文字

营造设计情境

设计：建筑设计观发展02

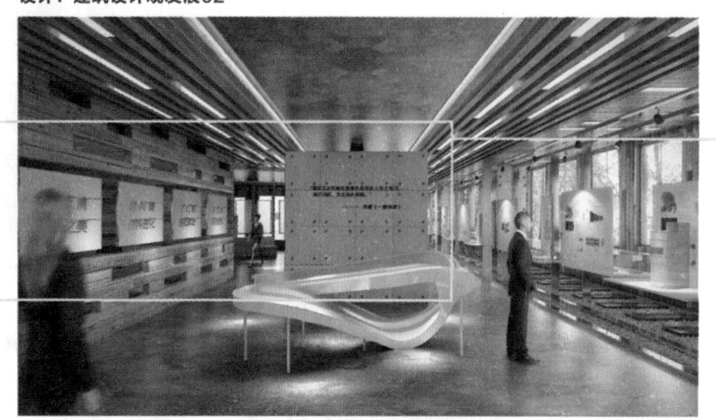

内容简介： 连接建筑设计观四大维度，展厅四大区域内容提示
形式： 文字，大师名言

材料：建筑材料进化

内容简介： 连接的最小元素——建材的进化与多样化带来连接方式的复杂化，宝业研发运用新材料创建新连接，解决这些复杂性
形式： 平面设计/平面展板

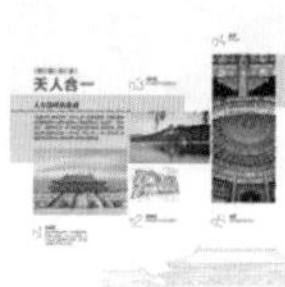

内容简介： 传统四大建材，现代五大建材，宝业新型材料等
形式： 实物展陈（模型8~12，20~30cm，2~3个）

部品构件：建筑构件的表达

内容简介： 连接结构性元素：通过对多样材料的连接，形成连接的上一层元素——部件，宝业利用最新工具与技术，研发生产新型部件，为建筑装配式革命提供物理基础
形式： 实物展陈，共12块

平面设计/平面风格定向

建筑构件的表达
THE EXPRESSION OF CONSTRUCT

地面铺装

实物模型

装配革命：构件连接方式

内容简介：人类建筑施工从全部依靠人力，低效高耗，再到今日宝业装配革命，高效低耗，带来建筑连接的加速与革新

形式：图文案例展，科普性与趣味性

在这里，每一位参观者都可以亲手体验一次上海宝业中心的智能化控制系统，即通过操控桌面上的触控屏，去查看这栋楼的能耗情况、每个房间的空气情况、每个摄像头的监控情况等。

此外，展厅里还藏有黑科技——机械臂。综合运用机械臂、显示屏组合以及投影技术，形成了一部令人震撼的声光影结合的动画，展示了宝业集团对未来建筑的畅想和展望。

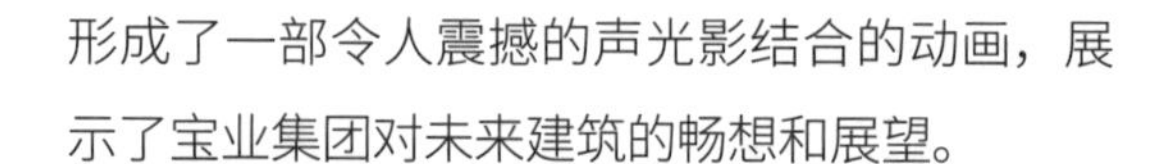

2．一层会议室设计

会议室采用木质材料进行设计，展示出一种严肃和敬意。会议室同样可以通过一部ipad控制设备的启动、玻璃的透明度以及空气流动等。

3. 一层走道/电梯厅设计

该区域是连接公共区域与私密区域的桥梁，设计色调比公共区域偏深，比私密区域偏浅，形成顺畅的视觉过渡。

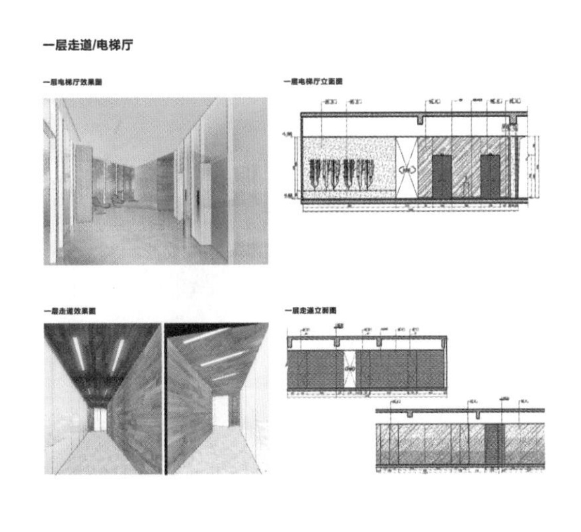

二~四层方案设计

二~四层色系搭配上与一层类似，但由于公共办公区域空间较多，因此可以展示出丰富的企业文化以及个性化的情怀元素。

例如通过透光混凝土、通电玻璃，展示出企业发祥地的吴越文化。

例如，空间设计可以以上海天际线为设计元素，体现“海纳百川、兼容并蓄”的海派文化，再通过工业风的色系搭配以及具有创意性的现代设计，给空间注入活力，体现出企业的人文关怀以及别具一格的特征。

五层方案设计

五层作为上海宝业中心最重要的会客层，主要利用各种风格的设计手法阐述中、西式人文空间。

上海·宝业中心
SHANGHAI BAOYE CENTER

地下一层方案设计

地下一层主要是营造赋有人文关怀的员工之家，分为咖啡吧、餐厅、多功能厅、内庭院走道等。

1. 咖啡吧

咖啡吧将喷色电线管裸露并串联起来，通过合理的色彩搭配，将书柜、桌椅、绿色植物以及成像混凝土技术、水磨石地板结合起来，在工业风格的冷与灯光的暖中进行了巧妙的融合，让人们喝咖啡之余，能激发更多创新的灵感，也能放松紧张的心情。

成像混凝土包裹接待吧台空间，吧台里即为木饰面；嵌入灯光，并设置滑轨式黑板；吧台与地面深灰色材料，增加吧台空间横向层次感

混凝土涂料

浅灰色水磨石

木盒钢架书柜

咖啡设备

黑板涂料

水泥吧台

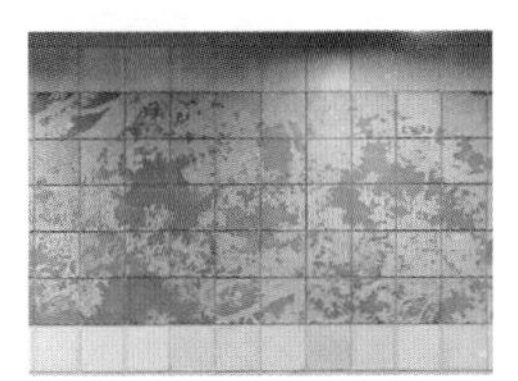

成像混凝土

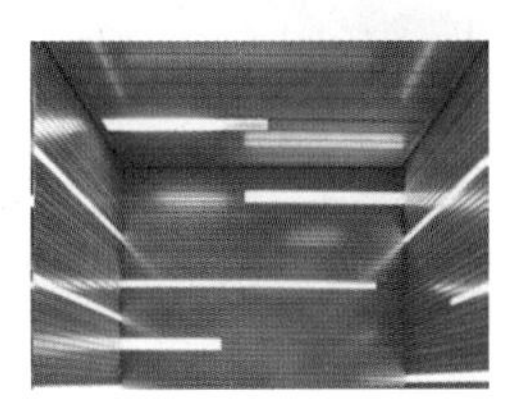

灯管

2．餐厅

主要用作员工休息与就餐。餐厅宽阔的空间可以保障足够的距离和就餐人数，尤其是暴发传染病时，能够非常合理地控制就餐位置和人数。

3．多功能厅

在开放式的布局中能够灵活调整桌椅的位置以及投影的方向，方便了公司各类会议的举办。

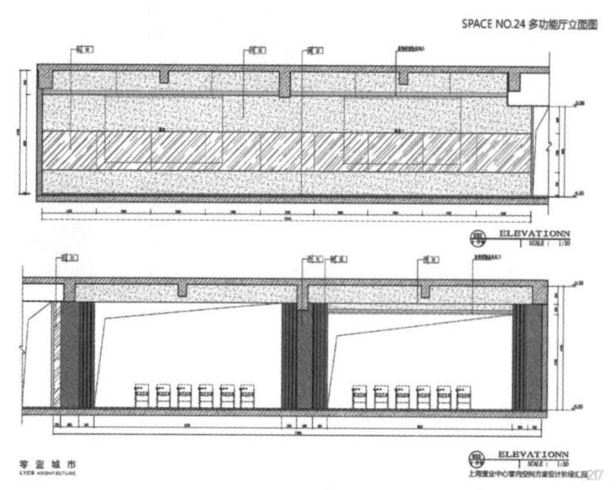

4．下沉式内庭院走道

在工作之余，这一下沉式内庭院走道通过流水声以及轻音乐，可以放松人们紧张的心情，唤起对生活的热爱。

第二节

设计的艺术和思索
——零壹城市建筑事务所

开放的团队、海纳百川

我们是一个特别开放的团队，做一个项目的前期，我们不会像常规设计团队一样，马上投入到设计过程当中去。我们会先对项目做一个企业文化的了解，业主整个工作氛围的了解，包括我们会做一些头脑风暴类的、发散性的设计思路，提取它的理念，把它贯穿到整个设计。

我们团队整体是比较开放的，不是说一个人想怎么样就怎么样来做，而是每个人都可以提出他的思想。有好的建议，大家都可以吸收进来、归纳进来。这样子的话，我们的设计会比较丰富。

当然作为一个整体，我们的作品还是会有大的原则和方向，也不会有太大的偏差，这是我们比较有特色的一个设计方式。

精装设计协作

因为这个项目是建筑和室内设计一体化设计的，所以我们在建筑初期的时候就会考虑很多室内空间的布局。在室内和建筑结合的过程中，矛盾会比单纯的室内项目少很多。因为在前期的时候已经把它考虑进去了，比如说管线的布置，在前期根据后面精装的方式已经做好了调整。

当然，后续可能空间布局与我们前面规划的不一样，会存在各个专业之间打架的问题。但我们觉得这个项目做得还是比较好的，它虽然涉及的专业是我们接触的项目中比较多的，但是我们会在施工前期，把所有专业复合到同

一个图样里面，然后在施工前期就把这个问题避免掉。

我们会把所有的各专业的人员召集起来，大家一起开会协调，从这个图样上先去反映：哪些设计内容有冲突，协调后，在后面的施工过程中可以有效地避免反复修改的问题。

如果施工过程中还有碰到的话，我们先去判断哪个调整的内容影响是最小的，从这个切入点去出发，然后与业主沟通，通过业主把大家协调到一起去调整。

印象深刻的就是透光混凝土的运用

印象比较深刻的是，我们的设计里面做了很多创新性的设计，比如说国内首例把透光混凝土用在了吊顶上，这其实是一个难度比较大的尝试。

透光混凝土很重，而且它最薄也只能做到3mm厚，这种材料在之前的应用中，只在一些隔墙或者一些景观花坛之类的地方有应用，没有做在顶上的，这其实是在整个项目施工过程中最复杂的一点，也是难度最大的一点。

从项目一开始的时候，我们做了很多的实验，比如把透光混凝土切成薄片，固定到玻璃

上面，然后通过玻璃固定到顶上，从背后去打光。但是后来发现这不太现实，我们又做了很多的不同的实验，当然也很感谢施工单位的配合，不厌其烦地与我们一起去把很多东西落实下去，比如说通过一些不同的吊装的形式去调节。

我们也找了一些结构顾问，协调出了一种方案把它实现了，最后出来的效果也是蛮出彩的。

它是整个室内设计里面比较大的一个亮点，也是比较创新的东西，会让人印象比较深刻。

室内设计中，我们也用了BIM软件

我们设计过程中用到的是Rhino，还有一些数据化的工具。我们整个设计过程中会考虑得比较精细，大到灯光的整体的效果，小到每个办公桌座位的一个开线布槽，包括座位上面的插座位置，我们从前期到后期会把这些人性化的东西考虑进去。

在精装设计里BIM也是比较重要的，前期各专业之间“打架”的问题，可以很好地避免，毕竟我们二维的图样看上去它只是几条线在那里，你能看出好像这几个东西“打架”，但其实到了三维空间的时候，这个管子是可以

绕弯的，有些是可以通过弯头穿过来的。

有BIM之后，我们会更直观地看到，各专业之间怎么走管线，怎么更有效地把顶部空间压缩，让吊顶可以做得更高，包括一些墙体的基层该怎么做，通过这个工具把三维实体还原之后，你能知道最终做出来的空间净空还有多少，在这上面可以做怎么样的优化，我们觉得空间优化方面BIM还是比较有用。

包括像软装专业，也是一样的道理，通过这个工具，你可以知道这件家具摆在这里，它最终的效果是不是合适，家具的尺度感，包括它与硬装最终搭配的效果会更加的直观。

但是在信息化和流程再造方面，我们现在还没有做到很好地把它利用起来。我们觉得可能在未来的几年里面，它会应用得越来越广，对于我们最终的项目效果呈现也会有很大的帮助。

最自豪的是做到了建筑、室内一体化设计并且令人感到舒适

第一做到了建筑与室内设计一体化。包括后面一部分的软装，我们也有参与进去，它是这种项目的一个开端，从建筑设计室内设计到软装设计，它最终的呈现也是一个完整的东西，并不是说建筑是建筑的思维，室内是室内的思维，那样做出来的东西可能最

后就不是那么的融合，我们这个项目里边做的是比较融合的。

第二就是它能够让员工在这个空间里面很好地工作，整个办公环境是让人心情愉悦开心的，这个我们觉得也是让人比较自豪的一点。

第三，我们觉得这个项目还体现了很多企业文化在里面，能够让业主有一个比较好的接受度，让他们也感觉到特别自豪的，是他们去与其他业主和客户做交流的点。

我们印象很深刻，有一次业主办了一个活动，有一些来过宝业中心项目的领导，带其他领导团队参观，讲起这个项目的时候也特别的激动，能够像讲故事一样去讲一个建筑，讲室内的空间。我们在旁边听的时候也是很自豪的。

精装设计会朝着绿色、低碳、高科技的方向发展

我们觉得现在精装设计方面，大家并不像早些年，喜欢很繁重的装饰设计，人们越来越追求一些简洁大气的路线，现在主导的是20世纪80年代这一群设计师，不像之前大家都喜欢什么新古典什么的，所以我们觉得对于饰面装饰的艺术追求会更高。

同时我们觉得未来的设计，室内精装的设

计路线会走更加人性化、科技化、更加节能环保的路线，因为大家更注重健康。

做宝业中心的时候，业主也要做一个绿色健康办公的环境，所以我们先是在材料的选择上更加注重环保，然后也会融入一些科技的东西，比如说数据采集，在会议室里面做一些新的吊顶涂料，等等。

在智能办公方面，每个人都可以通过自己的手机，查看自己的办公环境，比如现在房间的PM2.5值是多少。

我们觉得未来的精装设计应该更加人性化、科技化、绿色健康环保，而不是仅仅注重装饰面。

精装设计与智能化设计之间的配合会变得越来越常见

像宝业中心的主楼，A楼一层有个展厅，里面有一个很大的屏幕，它相当于整个宝业办公楼的智慧大脑，你可以通过这个屏幕知道每一栋楼、每一层现在的一些信息状况，包括房间的温度是多少，哪个地方设备出了问题，哪些地方有事故预警，等等。

通过这个大屏幕，人们可以了解整个办公楼的信息，也可以通过每个人的手机来访问这些数据。当然手机端是有分层权限的，不同的人只能看到自己所在层级的信息，比如自己办公室的一些信息。

这其实是通过一些技术性的手段，去做建筑中枢的控制。通过总台对整栋建筑大楼做一个健康诊断，每天更新，物业管理也会轻松很多。

以前没有这种中枢控制，物业管理需要每间每间的去看，也不可能这么及时地发现问题和处理问题。

在一开始的时候我们会提出自己的想法理念，业主会找相应的供应商与我们进行配合，因为所有的东西到后面去加难度会很大，必须在前面把所有的科技、灯光、空调、消防等，要考虑进去，在前期尽早与各家专业单位沟通协调，把他们的产品融入精装设计里面去，这样既能保证这些科技产品的存在，又能保证饰面呈现最好的效果。

创新、不怕失败

首先，做设计是不能只待在办公桌前、待在房间里面闭门造车的，要多出去看，学习一些新的东西，毕竟在家里、在计算机前的视野是有限度的。建议大家多出去，到外面看看实际的项目案例。

第二，设计这一行不是那么轻松的，它是一个蛮累的过程，不是体力上的累，而是心理上的。你要不停思考，去做怎么样的创新。大家可以在平时做一些创新意识的小游戏，去激发团队的思维活力。

第三就是要有实验的精神，要不怕失败。因为你想象出来的东西，不一定做出来之后就让你满意。你是要在这个过程中，学会总结之前的经验，然后进行优化。在创作的过程中，也要结合实际落地的可实施性，需要不断去做一些实验，去收集资料，让它成为好的落地。

第五章

更节能、更舒适

第一节

用数据
谈绿色建筑
——上海市建筑科学研究院绿色建筑与低碳发展研究所团队

上海建筑科学研究院是国内比较早做绿建这件事的，现在做的绿色建筑认证已经有五百余项了。

项目开始阶段，建筑主创团队在进行设计的时候，其实就考虑到了很多绿色的元素，到后期也特别感谢我们宝业团队，他们很积极地参与进来，一起来努力，共同实现绿色的理念，所以最后呈现出来的上海宝业中心的感觉就是，它的绿色元素时刻遍布在我们每个人的视角当中，是天然的绿色建筑。

现在宝业中心拿到了绿色三星设计和运行标识。运行标识评审的时候，专家会到现场来调研、考察。我相信，宝业中心没有问题，因为所有的人，也包括我们现在运行的团队，都在很用心地做这件事情，所以上海宝业中心必将是很优秀的绿色建筑。

在世界范围内有很多绿色认证，最终宝业集团选择了两个。一个是我们本土化的绿色建筑认证，其中最高等级为三星级认证；另一个是美国的LEED认证，之所以选择LEED认证也是因为它是全球知名度认可度最高的认证。

目标、定位、实施策略

我记得2013年1月，夏总特别安排了一个大型论坛，邀请了上海虹桥商务区管理委员会、设计方以及各咨询方，讨论上海宝业中心如何实现绿色理念。可见，一开始我们业主方就很有心地在做这件事情。上海建筑科学研究院也参与了讨论，我们于2013年的3月8日正式启动了这项工作。

当时我们对上海宝业中心进行绿色定位。首先我们要充分了解服务对象，因为这是上海宝业的总部大楼，而宝业集团是节能、低碳、

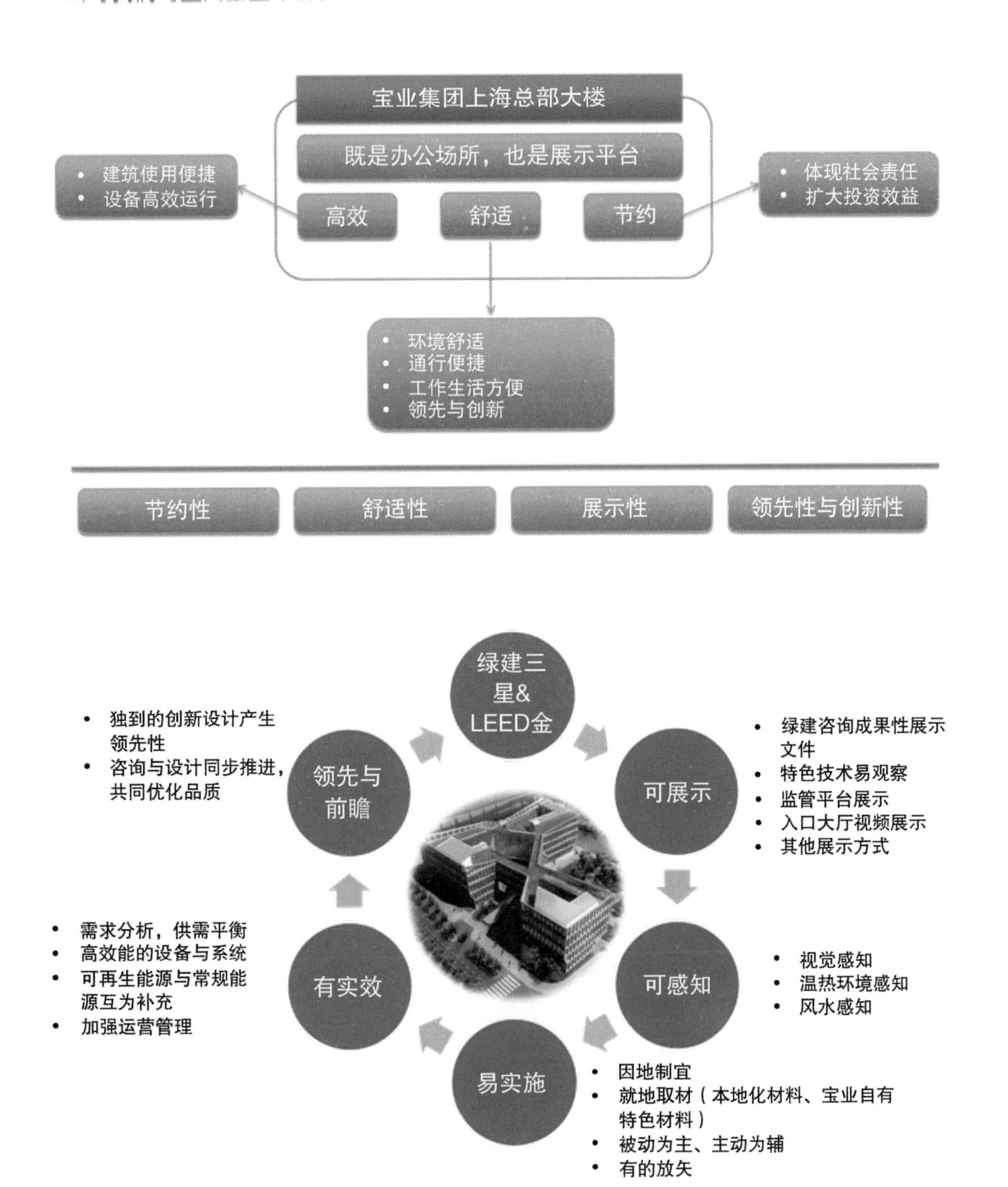

绿色建筑工业化企业，也是国家重要的建筑产业化基地，同时还是一家建筑科技创新型企业，所以作为总部大楼的上海宝业中心的绿色认证还需要彰显一种企业文化，打造低碳、环保、健康、舒适的绿色标杆建筑的同时应该具有宝业集团的特色。这个是一开始我们在启动会上就定下来的目标。然后我们定位的级别是国内绿色最高等级即三星级并且获得美国的LEED认证，同时要评上上海市绿色建筑示范工程。最后根据上海宝业中心的使用功能进行定位。它既是一个办公场所，同时又是一个展示平台。一方面，办公的员工需要感觉到空气良好、温度适中、身心放松、通行便捷、互动高效等。另一方面，整个建筑可以通过可视化平台展示项目的绿色成果，如设备的高效运行、节能节水节材的数据统计等，当然还有我们一些创新和领先的绿色理念，体现的是一种社会责任和传播效应。

实施策略上，我们就需要分析风光热对室内环境的影响；需要因地制宜、就地取材，充分利用宝业集团开发的特色材料，切实符合绿色理念；需要选择被动为主、主动为辅的技术实施体系。这样，做出来的建筑才是实实在在的绿色建筑。

主动式与被动式设计

目标、定位、实施策略都有了，那么如何来实现呢？

我们开始就要考虑一些被动式设计，这块零壹城市与我们一直都有互动。第一个要处理的就是风。风分成室外风和室内风。当时现场调研时，季博士担心室外风环境可能无法满足要求，因为上海宝业中心BC两栋楼正好形成一个类似漏斗的形状，东南风吹来之后担心室外就会有风速超标的情况。后来我们通过风环境模拟发现A楼的位置正好做了一个遮挡，如果最终是这样进行设计的话，那么就可以为室外创造一个良好的风环境，为整个场地营造了一个很好的微气候。

接下来就是室内风利用。由于一些实施难度方面的考虑，上海宝业中心整个外幕墙是没有开启的，但是其实幕墙内庭院

上海·宝业中心
SHANGHAI BAOYE CENTER

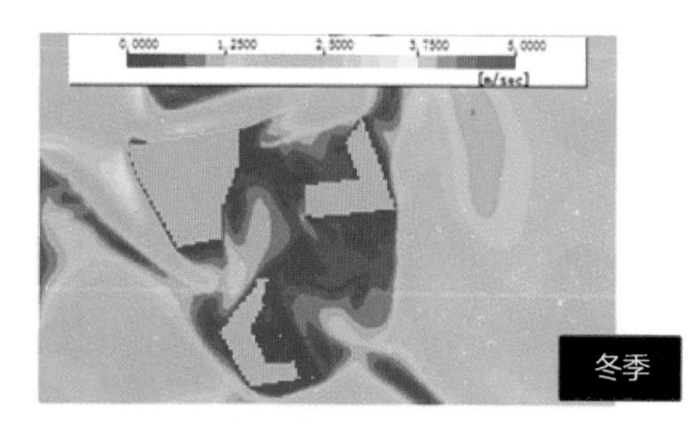

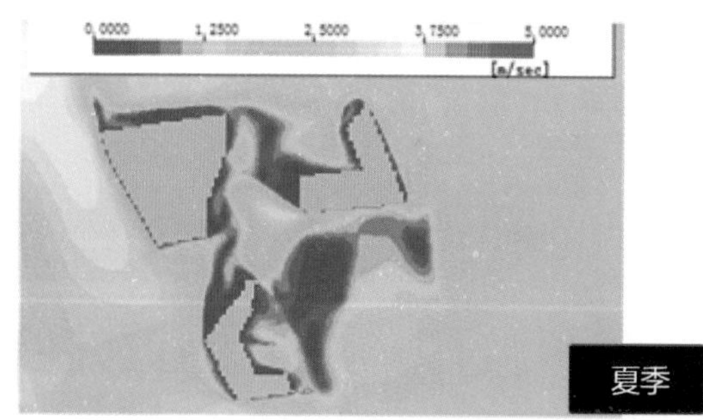

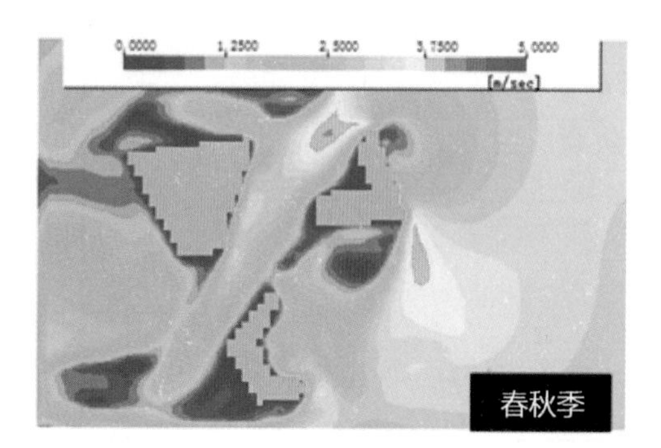

良好的风环境，为建筑红线内的场地营造了良好的微气候

项目内冬季的西北风被阻隔，降低了整个内庭院的平均风速。而春秋季节的风刚好穿内庭院而过，营造了恰到好处的场地微气候

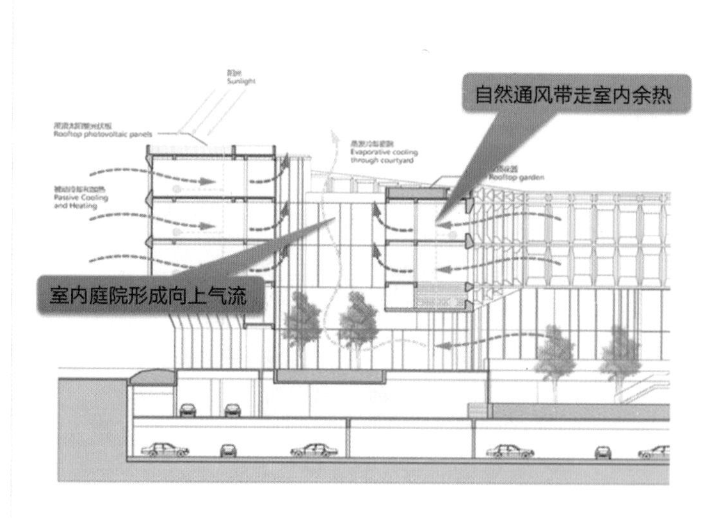

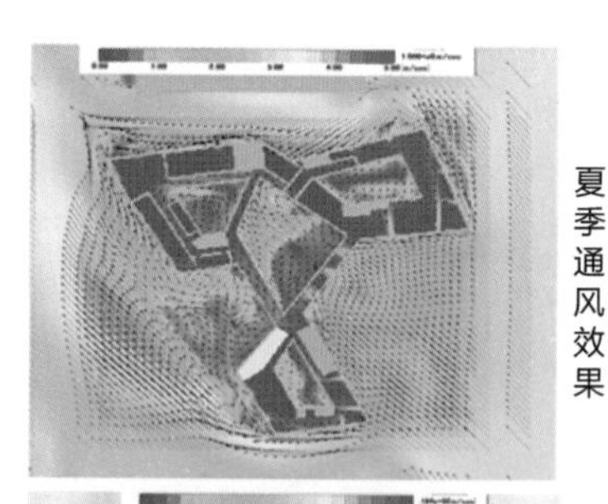

夏季通风效果

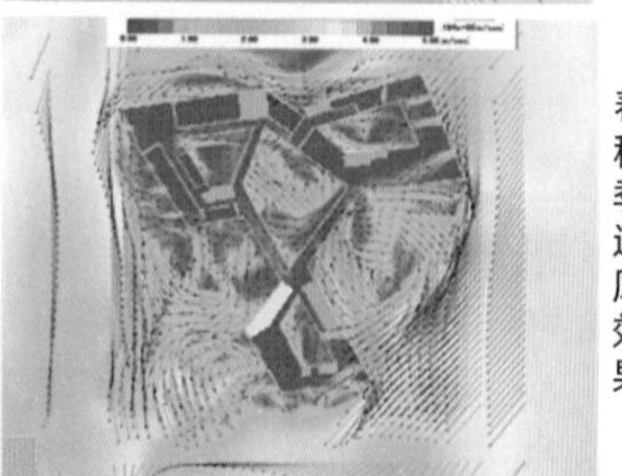

春秋季通风效果

利用庭院促进自然通风，解决空气品质和热舒适问题

夏季、过渡季工况下，室内自然通风换气次数分别为5.44次/h和5.99次/h，达到较好的自然通风效果

这块是有开启扇的。我们刚刚在经过的时候发现，内庭院的窗现在都是开启状态，所以通过内庭院窗开启的方式，也可以有效地利用自然通风，解决室内舒适性的问题。我们通过模拟发现，夏季和过渡季的换气次数可以达到5.5次/h以上，达到了良好的自然通风的效果，所以员工在里面工作还是会感到很舒适。

对于光环境来说，即使现在我们位于地下一层，也一直能明显地感觉到光线很充足。这是因为自然光的利用与下沉式庭院的设计进行了一个有机结合。通过外幕墙和内部空间的设计，上海宝业中心主要功能房间也就是办公区的采光达标率可以达到93%，就是将近百分之百的面积可以满足自然采光的要求，地下空间的采光也因为下沉庭院得到了满足，所以上海宝业中心是一个可以让自然光洒满每个空间的绿色建筑。

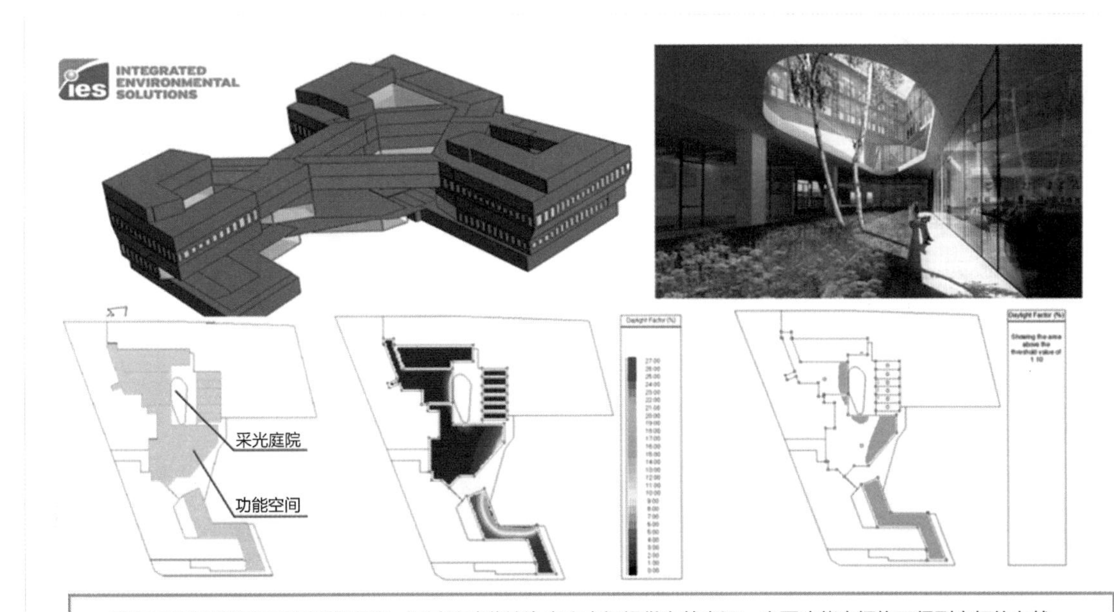

项目三幢子楼均设置有采光庭院，通过玻璃幕墙为室内空间提供自然光源，主要功能空间均可得到良好的自然采光效果

经数值模拟分析，主要功能空间中采光系数达到2.2%的区域面积占总功能空间面积的 93.6%

另外一个就是热环境。上海宝业中心GRC外墙的构造，其实就是一个很好的被动式建筑一体化设计案例，其中斜凹窗这样的一个概念，是属于我们一直推崇的建筑一体化自遮阳的技术策略。通过模拟可以得出，南向夏季太阳辐射量可以削减32%，这样一来的话，可以减少室内的冷负荷，从而减少能耗。

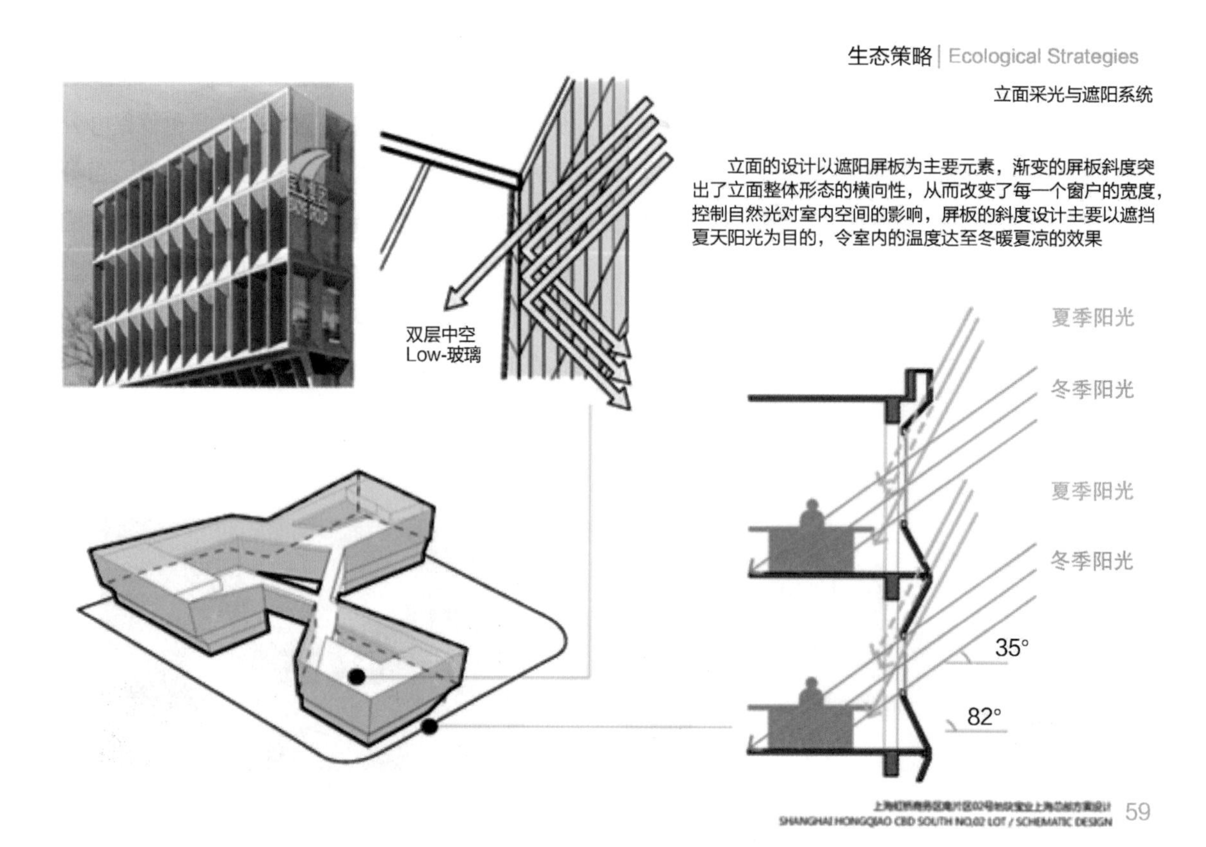

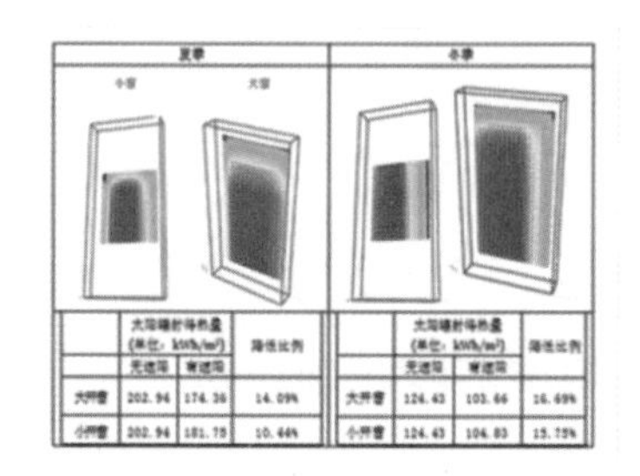

	夏季 太阳辐射得热量(单位：kWh/m²) 无遮阳	有遮阳	降低比例		冬季 太阳辐射得热量(单位：kWh/m²) 无遮阳	有遮阳	降低比例
大开窗	202.94	174.36	14.09%	大开窗	124.43	103.66	16.69%
小开窗	202.94	181.75	10.44%	小开窗	124.43	104.83	15.72%

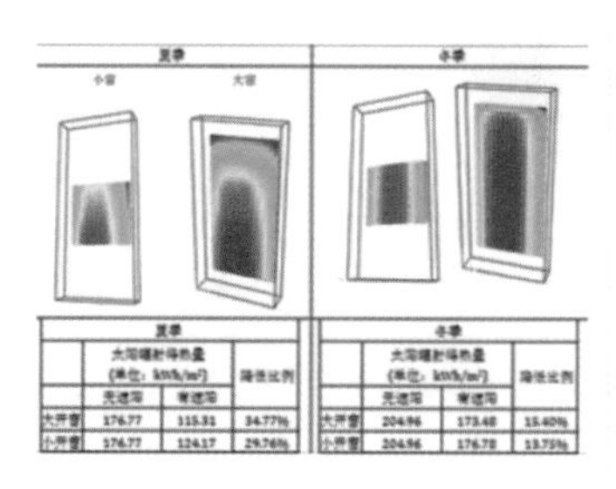

	夏季 太阳辐射得热量(单位：kWh/m²) 无遮阳	有遮阳	降低比例		冬季 太阳辐射得热量(单位：kWh/m²) 无遮阳	有遮阳	降低比例
大开窗	176.77	115.31	34.77%	大开窗	204.96	173.48	15.40%
小开窗	176.77	124.17	29.76%	小开窗	204.96	176.78	13.75%

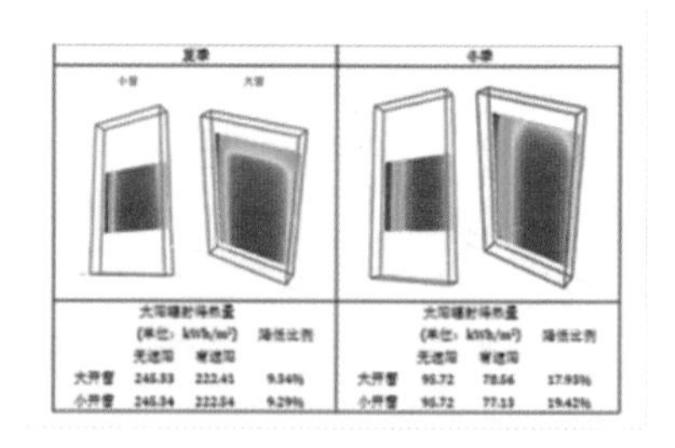

	夏季 太阳辐射得热量(单位：kWh/m²) 无遮阳	有遮阳	降低比例		冬季 太阳辐射得热量(单位：kWh/m²) 无遮阳	有遮阳	降低比例
大开窗	245.33	222.41	9.34%	大开窗	95.72	78.54	17.93%
小开窗	245.34	222.54	9.29%	小开窗	95.72	77.13	19.42%

而结构上，在宝业中心的设计当中，用到了很多预制构件的理念，地下室是一个预制叠合板设计，通过结构体系优化，完成了造价节约和材料节约的目标。绿色建筑标准里有一条称为结构体系优化，这一条，其实是很难得分的，但是宝业中心顺利通过了这一条，因为的确做了很多的努力，从而得到了专家的认可。

结构

➤ 基础

第一次基础设计：

桩配筋表

桩直径	桩类型	桩主筋		桩箍筋	加劲箍	混凝土等级
		①	④	③	②	
ϕ700	○ 承压桩	10Φ14	10Φ14	Φ8@250	Φ12@2000	C35
ϕ800	◎ 承压桩	12Φ18	12Φ18	Φ8@250	Φ12@2000	C35
ϕ700	◬ 抗拔桩	9Φ22	18Φ22	Φ8@250	Φ12@2000	C35
ϕ800	◉ 抗拔桩	10Φ22	20Φ22	Φ8@250	Φ12@2000	C35

第二次基础设计：

桩配筋表

桩直径	桩类型	桩主筋		桩箍筋	加劲箍	混凝土等级
		①	④	③	②	
ϕ700	○ 承压桩	12Φ14	12Φ14	Φ8@250	Φ12@2000	C35
ϕ700	◬ 抗拔桩	9Φ20	18Φ20	Φ8@250	Φ12@2000	C35

➤ 预制构件

➤ 上部结构

桩数量从399根增加到480根，但总用钢量约减少8t，水泥减少300m^3，并且改为一种桩径后，静载试验的桩数将减少，试验费用也降低了

地下室局部侧墙和楼板采用叠合板作为衬层，由两片6cm+8cm厚钢筋混凝土组成，通过格构钢筋牢固地结合在一起，中间部分现场现浇；减少现场混凝土的浇筑量，从而减少现场施工可能导致的材料浪费以及对环境的污染；据测算，1万m^{2}体量的地下车库，叠合板比传统现浇结构体系节省造价70～80元/m^2

主楼之间通过设钢结构连廊连通，钢材用量达50t，较多地采用了可循环材料

被动式可以通过模拟与建筑设计进行很好的融合，那主动式呢？对于主动式来说，大家可能第一个反应就是能耗。下面这张图，就是我们整个设备能耗的影响因素，包括了很多方面，第一个就是围护结构的性能，需要选择一些性能优异的围护结构，所以我们选择了一个很好的围护结构形式即GRC外墙，在玻璃幕墙的性能选择上也做了优化。

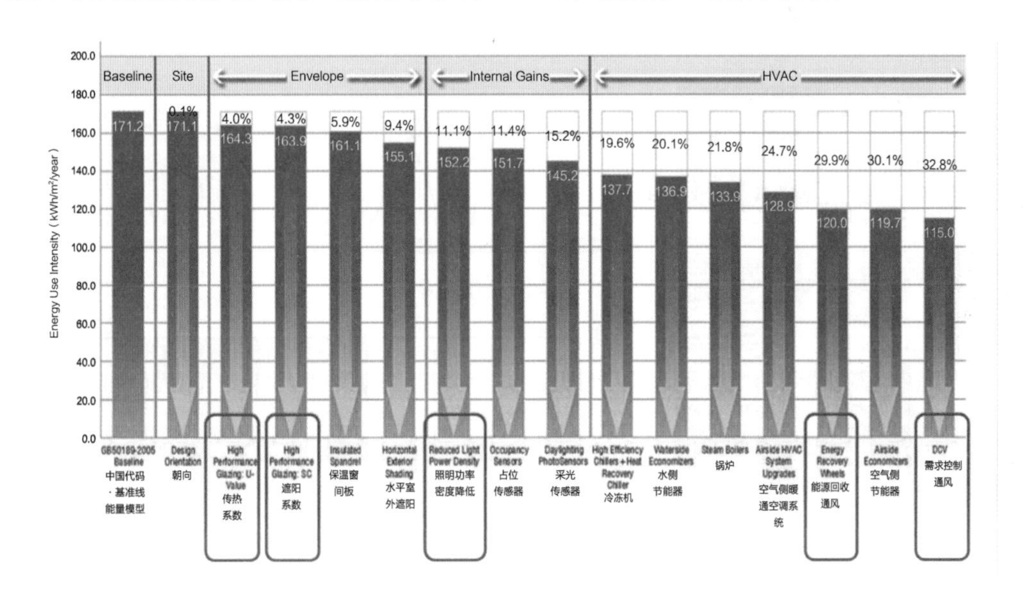

照明上，上海宝业中心的照明系统采用了智能照明控制和LED灯降低照明能耗。在暖通系统方面，冷热源是来自我们的区域能源中心，但是我们在末端和输配系统这块做了很多的努力，包括采用了热回收的机组，对整体变流量进行了设计，采用了节能型水泵和风机等。

项目空调冷热源由区域能源站（热电冷三联供系统）供应

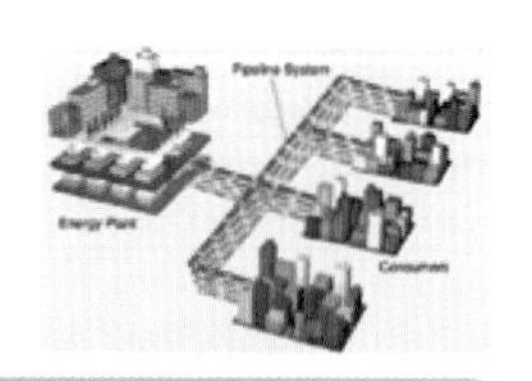

A楼一层大厅采用低速全空气系统，其他空间均采用风机盘管加新风空调系统，全空气系统的空调机组设变频风机，可实现过渡季低速全新风运行。同时，办公区域设置可自由调节的控制末端

新风机组采用吊顶式全热回收型新风机组，热回收效率大于65%

空调水系统均采用一次泵变流量系统，可允许流量变化率达到30%/min，一次泵为变频泵。冷冻水泵和热水泵的设计工作点，均在高效区

空调系统风机的单位风量耗功率不大于0.42W/（m^3/h）

空调冷水输送能效比为0.0175，热水系统输送能效比为0.006024，均符合DGJ 08—107—2012的要求

· 全系统节能

空气品质保证上，可以分为两块。一块是严选材料，因为要做的是美国LEED金级认证，要求较高，所以建筑材料选择上必须符合美国相关的材料标准，这样就可以在环保性上得到很好的效果，控制了一个大污染源。另一块则是空气交换，这一块最重要的就是对新风

· 材料

相对浓度
PM0.1
PM2.5
PM10
TSP
凝聚物
超细颗粒
细颗粒
粗颗粒
颗粒空气动力学直径/μm

过滤器名称	过滤效率（%）	安装空间（mm）	[illegible]	初阻力（Pa）	终阻力（Pa）	[illegible]	[illegible]	[illegible]
静电+中效袋式	95%	600	<2.5	100	300	1.1	4月/次	0
		600					0（直接更换）	3次

检修空间600mm
回风
送风机段
表冷段
静电过滤段
混合段
新风
袋式过滤器350mm
电子净化器182mm

· 新风处理

系统的选择，在被动房设计中最重要的也是新风系统的设计和选择。上海宝业中心项目采用了G4+F7的中级过滤的新风系统，对PM2.5进行了非常好的处理，通过APP可以实时监控，这时可以看到室内PM2.5是非常低的，在这一块上，我们做了非常多的努力。

新风系统不只是控制污染，还需要以最低的能耗控制温度。在过渡季节，如初夏初秋这个阶段，可利用新风系统来降低室内的温度，缩短空调开启的时间。最终我们做了个计算，比美国的ASHARE标准节约了13.82%的运行费用，是一个很优异的表现。

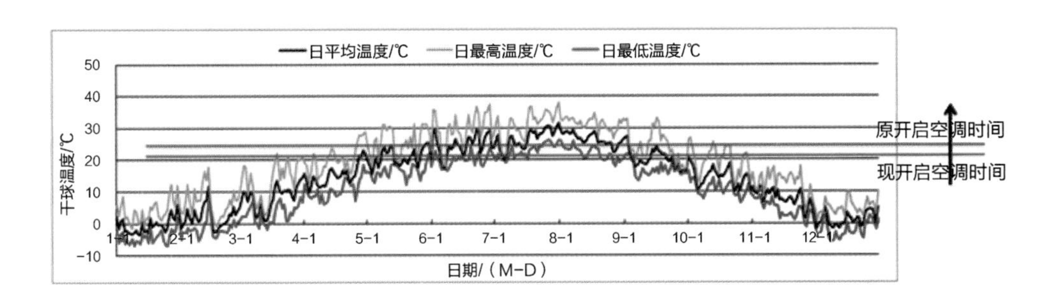

过渡季节、初夏、初秋时间段内：
降低室内温度，缩短空调开启时间
全运行周期内：
提升建筑运行水平
提高室内环境品质
实现经济价值

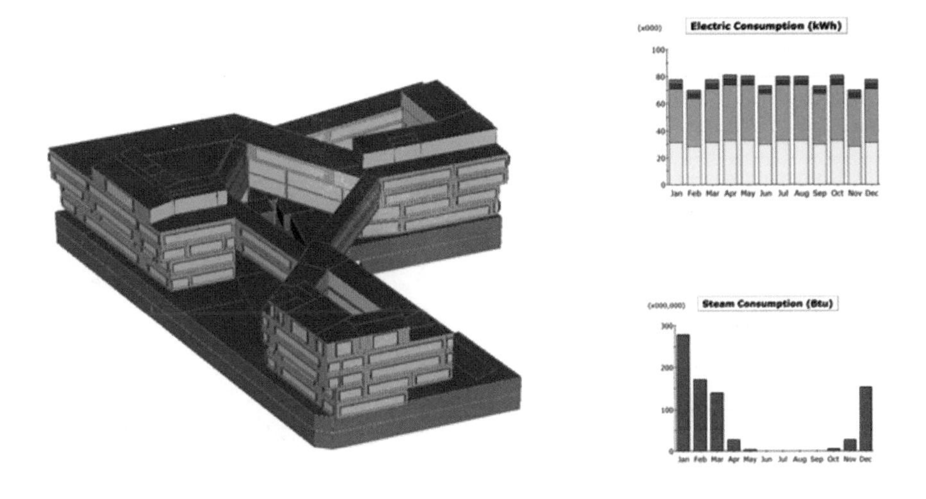

相较美国节能标准基准值，每年节约13.82%的运行费用

节水这块，我们设计了屋面雨水收集系统、优质杂排水系统，用于绿化灌溉、道路冲洗以及垃圾房冲洗。此外，还采用了一级节水器具，整体节约水资源。

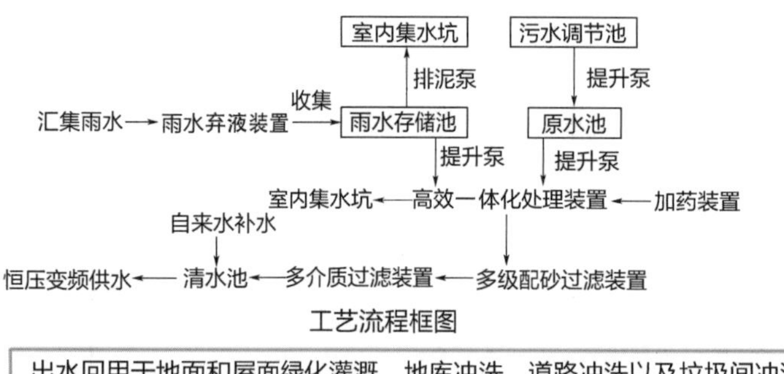

工艺流程框图

出水回用于地面和屋面绿化灌溉、地库冲洗、道路冲洗以及垃圾间冲洗
非传统水源利用率达10.0%

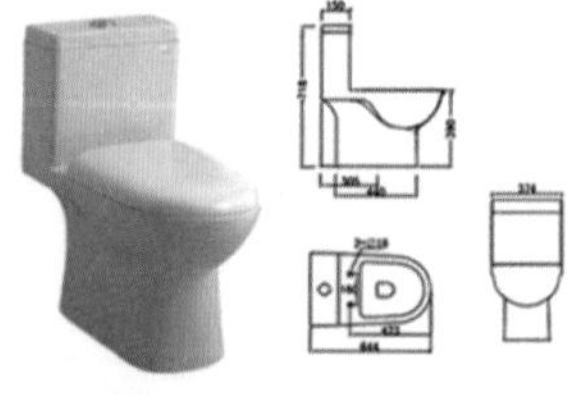

用水器具	设计值	节水评价值
坐便器	3(L/冲)/4.5(L/冲)	3.5L/5L（双档）或5L（单档）
盥洗龙头	0.1L/s	0.125L/s
淋浴器	0.1L/s	0.12L/s

对于绿化上，除了大家看到地面上优美的园林设计外，还有屋顶绿化。屋顶绿化一方面可以起到环境友好的作用，另一方面还可以降低屋顶热阻的综合效果，这也是一个亮点。

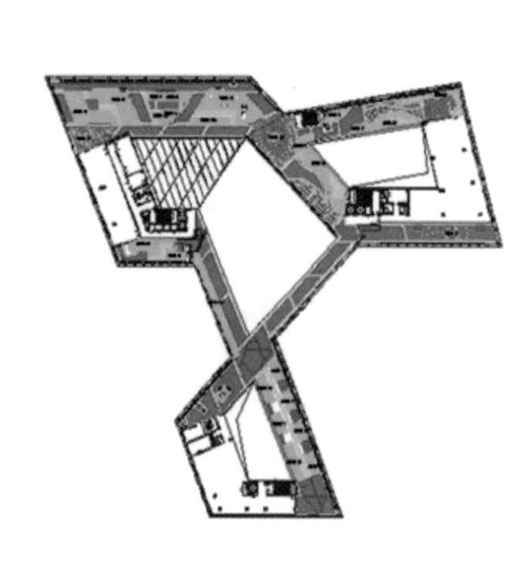

成果

那么最后是我们的成果，首先是绿色建筑三星认证。在2014年12月的时候，虹桥地区有一批项目一起评审，有北京的专家来上海统一做评审，上海宝业中心是唯一一个零意见通过的项目，十分难得。

还有一个就是美国的LEED认证。该认证必须在竣工之后才能进行。最终我们拿到了63分，顺利地通过了LEED金级认证。

那么最终，呈现给大家的，就是一个被动式风光热环境良好、主动式能耗低、水资源及环境资源平衡以及室内空气舒适的智能化建筑，也获得了上海市绿色建筑贡献奖。那么未来我们还能做什么？我们还要申请绿色三星运行标识认证和LEED O+M认证。

表 5.1 三星级[illegible]达标项汇总表

类别 / 现状评价		控制项 节地	控制项 节能	控制项 节水	控制项 节材	控制项 室内环境	控制项 运营管理	一般项共40项 节地	一般项共40项 节能	一般项共40项 节水	一般项共40项 节材	一般项共40项 室内环境	一般项共40项 运营管理	优选项数
		共5项	共6项	共5项	共2项	共4项	共0项	共7项	共11项	共7项	共5项	共6项	共4项	共12项
（★★★）要求[1]		5	6	5	2	4	0	6	9	5	4	5	3	8
南02地块	满足[2]	4	4	5	2	4	0	6	8	5	4	6	4	7
	不确定项	1	2	0	0	0	0	0	1	0	0	0	0	1
	不满足项	0	0	0	0	0	0	1	2	2	1	0	0	4

注：1. 为设计标识项数要求。
2. 包含因建筑类型原因不参评项。

• 零意见通过

三星级绿色建筑设计标识证书
CERTIFICATE OF GREEN BUILDING DESIGN LABEL
公共建筑 NO.PD30940
建筑名称：上海虹桥商务区核心区南片区02地块办公楼
建筑面积：2.55万m²
完成单位：上海宝实业投资有限公司、浙江宝业建筑设计研究院有限公司、上海市建筑科学研究院

评价指标	设计值
建筑节能率	65.5%
可再生能源利用率	10.6%的生活热水量
非传统水源利用率	10%
住区绿地率	公共建筑不参评
可再循环建筑材料用量比	—
室内空气污染物浓度	设计阶段不参评
物业管理	设计阶段不参评

有效期限：2015年1月28日-2016年1月27日

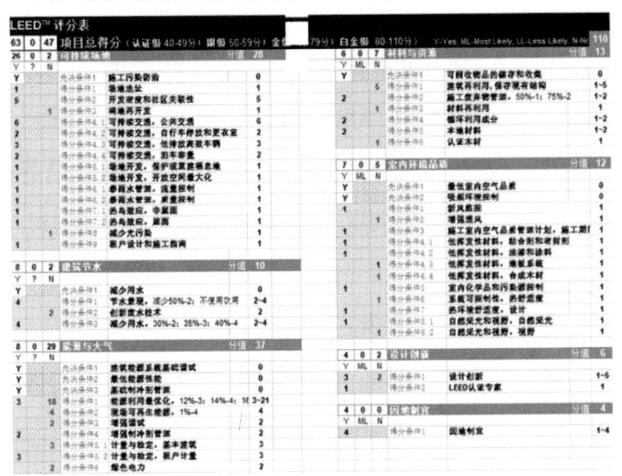

• 63分

第二节

拆解绿色建筑
——项目绿建顾问　方舟

上海宝业中心绿建工作的起源和规划

当时上海宝业中心在开始建的时候，宝业夏总对这个项目有很大的期许。设计之前他就办了一个论坛，把当时概念设计的零壹城市，还有相关的管委会，因为它是属于虹桥商务区这么一个特殊的位置，虹桥商务区其实也是一个低碳商务区，把相关管委会的领导请来，还请了几家绿建的咨询机构，然后共同来探讨一下这个事情。

在这个论坛上，其实大家达成了一个这样的共识。

这个项目，首先它是位于虹桥商务区里面，所以它一定要符合低碳商务区的一个理念，因为虹桥整个商务区，它所有的建筑都要是绿色二星级三星级的建筑，这个是它的一个目标。

另外它作为一个总部大楼，除了去贯彻绿色评价标准的各个点，它应该是一个可感知，而且是可以反映企业的一些文化。

我们最后讨论下来结果，它应该是一个绿色+的一个楼，就是它不光是一个认证建筑，它应该也是一个与我们的企业文化，包括浙江的当时的一些文化，相融合的一个绿色建筑。

让员工在里面办公的时候，就能够感知到这里面的环境，这里面的舒适，包括一些节能技术的体现，是一个更加显性化的一个建筑。

它定位的绿色等级是绿色最高等级，绿色的三星级，还有美国的LEED的一个金级的认证。

绿色三星级其实是当时管委会的一个要求，那么为什么要选择美国LEED体系？是因为它是国际认可的一个体系。

接下来我们投入到工作当中，其实绿色建

筑与LEED关注的一些点都是相类似的，包括提到了一些污染，称为节地与室外环境板块，还有一个是节能，就是能耗，就是节约能源，节约水资源，节约材料资源，还有保障室内空气品质。

所以在整个的服务当中，其实我们会做一系列的工作，在能源这块的话，我们会做一个能耗的分析模型，把所有的可能用能的系统输到这个模型里，与相关的标准去做对比，那么就可以看出节能标准上面，可以节约多少。

所以在能耗这块，我们是尽可能地做优化，会调整它的一些参数，建立一个模型，然后调整它的参数，最终得到它的一个节能量，节能量我们也是有一个指标的要求，也是比较高的指标的要求。

那么另外一个很重要的部分，因为它的目标是要可感知，所以在室内环境质量这块做了很多工作。

它有一个下沉式的庭院，旁边有个餐厅，它有一个可以利用地下采光的措施，当时这个其实也是做过优化分析的，怎么来设置这个庭院，然后可以让餐厅的采光可以得到满足，也是通过了相关的模拟分析，然后让我们这个庭院的太阳光可以进来满足在餐厅用餐时候的对自然光的需求。

另外它这种三角形的布置，首先也是宝业的一个文化的体现，有三个产业的文化体现，另外它的一个架空的设计其实也是有利于整个的室外的风环境。

比如说我们午后要去散步，那么走在这样的一个环境当中，是一个舒适的人行区的区域。

所以整个宝业的项目，它不同于比较普通的绿建认证项目，它其实在很多性能的方面都做了相关的一些优化，所以现在结果就是我们走到这个楼里，可以感受到它其实不是一个技术的堆砌，而是一个与自然风光热很好地结合的一个建筑，所以我们在里面其实做了很多这种性能优化的事情，让它能够感觉是一个自然而然的绿色的建筑，这就是我们做的一些具体化的工作。

还有就是它的外立面，外立面其实也是一个特别大的亮点，很漂亮，然后它又是一个GRC外墙，也是一个装配式的外墙。

在绿色方面，材料资源利用这块，其实是鼓励做装配式的，它可以得到相应的分数。

另外宝业也是做工业化起家的，所以这个技术的话又是他们的优势，然后又可以在绿建里得到一个分数。

还有就是这种凹进去的设计，是有一个建筑自遮阳的效果，我们也是做过模拟分析的，就是在夏季它可以把太阳辐射挡在外面，但是在冬季又不会影响采光，这样的设计也称为建筑遮阳一体化的设计，它不是一个硬加上去的什么肋片，显得很突兀，它是一个造型，但是它可以起到自遮阳效果，这其实也是我们很大的一个亮点。

降低能源消耗

我们的目标就是降低能源消耗，最终我们

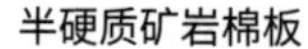
半硬质矿岩棉板

泡沫玻璃保温板

中空玻璃

可能实现的结果就是这样，但它可能措施会很多，比如说在节能方面，其实刚才提到的那些遮阳，还有整个围护结构的设计，称为被动式节能，它就是降低这个建筑的负荷。

为什么会消耗能？就是因为要保证室内舒适，同时又要受到外界的影响。所以它的能，主要产生在夏季与冬季，那么夏季与冬季，这个东西怎么样形成室内的负荷，它是通过维护结构。

很简单，冬季我们穿了一层很厚的被子，那么肯定消耗的能就少，但夏季我们如果能把太阳辐射、太阳光挡在外面，我们消耗的能就少。

所以一开始的时候，我们要在维护结构这块做文章，刚才提到的一些遮阳，包括一些保温，其实就是把本体的这种冷热阻隔在外面，然后把整个的负荷降低。

我们还有一些主动式节能的方式，就是会用一些高效的机组，就像我们现在买空调，买一级的，类似于这样，然后还可以做一些热回收，其实在我们项目也有做到。比如平常排出来的风，其实它也是有能量的，但是为什么要做排风？因为要保证新风，那么这部分的能量，可能冬季会更加明显，冬季的话外面是零度的时候，但室内是20°C的风，那么这些风如

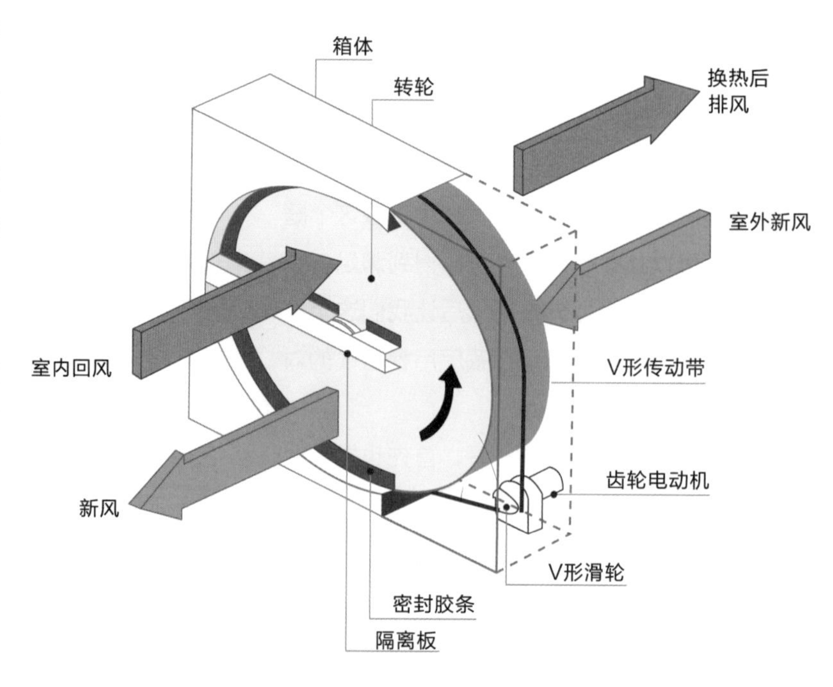

果我们排掉，就是一种能源的浪费，那么我们的排风可以与进来的新风做一个热交换，就把这部分的能量回收了，所以这也是一个节能的方式。

还有包括我们用的一些设备，都选用节能型的设备，风机、水泵还有照明，我们现在用LED灯，这些都是一种节约的方式，所以其实整个节能目标很简单，就是降低能耗。

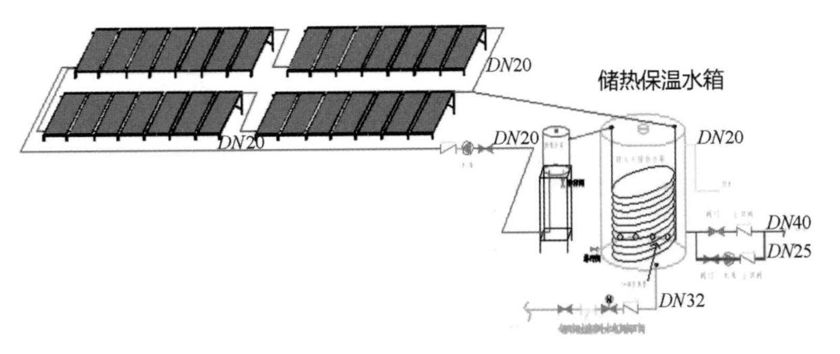

平板式太阳能集热器中央热水系统工作原理图

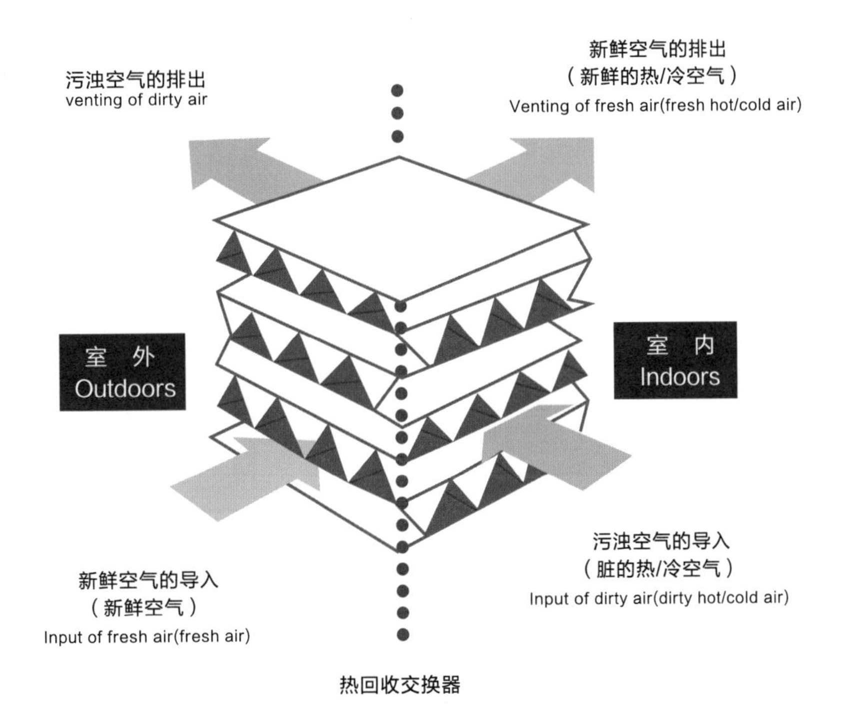

热回收交换器

建筑主要功能区照明功率密度按《建筑照明设计标准》（GB 50034）目标值设计，采用节能高光效荧光灯和LED灯，公共区域采用照明自动控制系统。装修设计中对灯具选型进一步落实，经计算，普通办公室、会议室照明功率密度不高于9W/m²，走廊不高于5W/m²，可有效减少建筑运行时的照明能耗

我们在每个措施上都做到尽可能的优化，那么最后这个楼现在实际运行的能耗也是比较低的，就是因为我们做了很多这样的努力。

那么水这块也是一样的，最后就是看水耗，那么水耗怎么来节约，可能我们最常识的感觉就是用一些节水的设备，节水其实也有一

用水器具	设计值	节水评价值
坐便器	3（L/冲）/4.5（L/冲）	3.5L/5L（双档）或5L（单档）
盥洗龙头	0.1L/s	0.125L/s
淋浴器	0.1L/s	0.12L/s

尺寸：390mm×630mm×220mm
瓷质陶瓷 靠墙安装
顶部冲水安装
ML-2114 Wall-hung Urinal
Stzo:390mm×630mm×220mm
Vireous China
Fixing To Wall
Fixing With Top Flush

■ ML-2114挂式小便斗

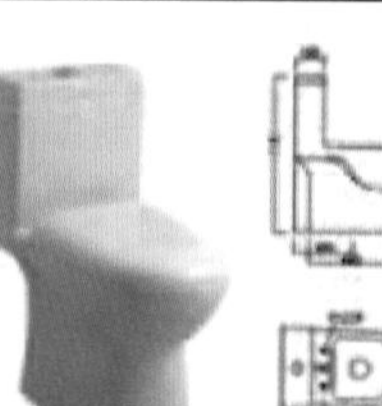

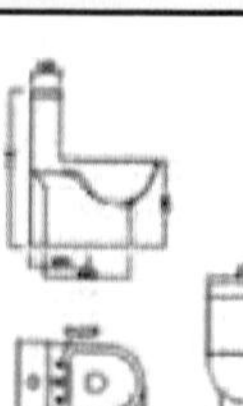

级、二级、三级，节水的马桶，节水的龙头，还有淋浴的一些东西，这是我们最直观的一些理解。

还有一个就是我们的非传统水源的利用，就是我们把雨水，还有我们洗手的水收集起来，这部分然后经过处理再回用到，比如说绿化灌溉，还有冲厕，那么这个就是循环利用，来降低我们的水资源的消耗，所以最终的目标还是这个，但是我们用了一系列的不同的一些措施来达到这个效果。

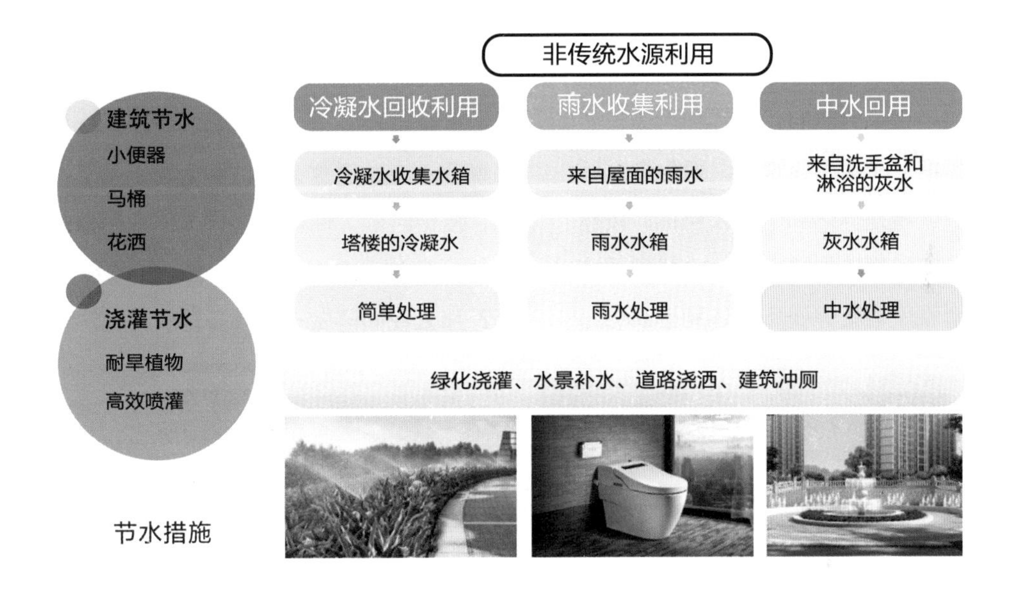

节水措施

工艺流程框图:

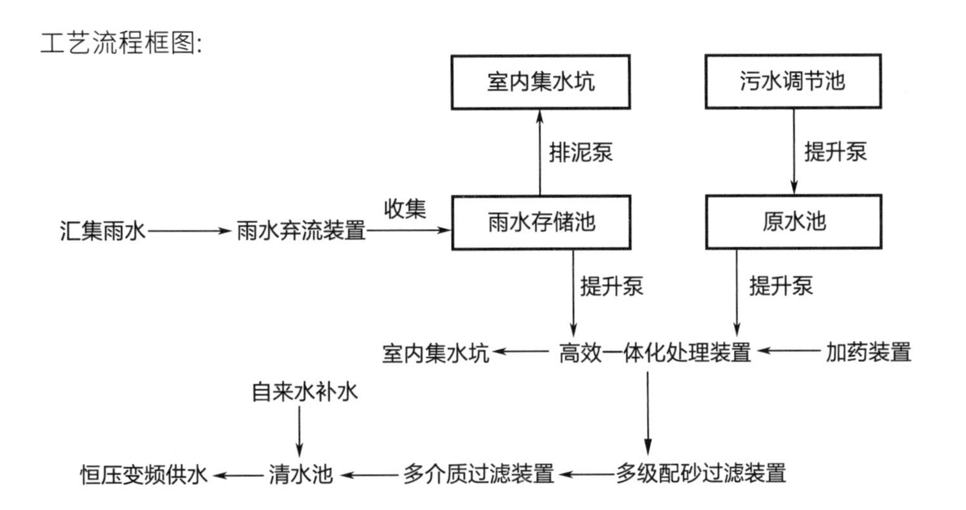

数字模拟

我们有一个数字模拟实验室，有国内国外的各种软件，光环境模拟、风环境模拟还有热环境和能耗都有一个模拟实验室，有专门的专职的人员做模拟。

我们把模型输进去，不同的方案会做一个性能的对比，这个其实很多单位都可以做，但是为什么我们单位这方面有优势，因为比较多的单位，是你把一个模型传过来，帮你做个验证性的工作，或者是你达到个什么目标，按标准，标准10%，我就达到这个目标，就凑了这个指标，或者就是验证你是不是达到这10%，达到就OK了。

为什么说宝业这个项目我们做了比较多的工作，我们是尽可能在做优化，就是尽可能地把它最大化，而且是与它的这个体形做结合的，不去破坏它，但是尽可能在尊重它体形的情况下，尽可能地做优化。

优化就是一个各种方案的对比，比如建筑师说我一开始是这么做，然后我们做了一个模拟，反馈给他，你可以改这个，然后建筑师有可能反馈说我改这个比较难，我改那个行不行？那么我们再做一个，多轮次对比，使得这

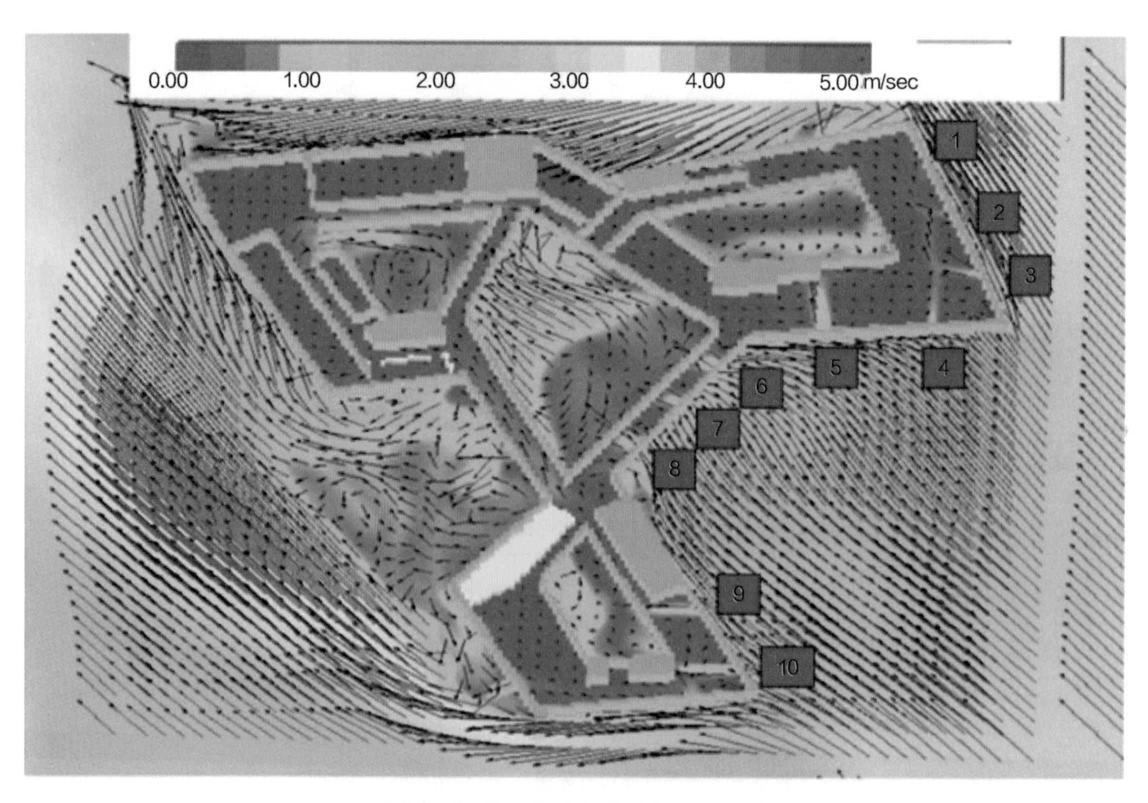

过渡季标准层室内窗高度处风速分布图

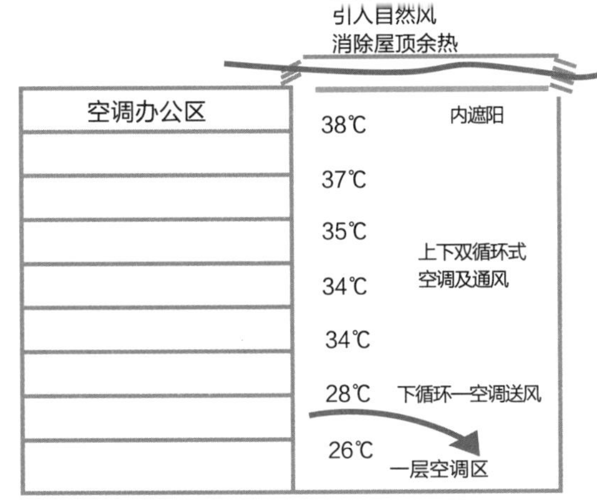

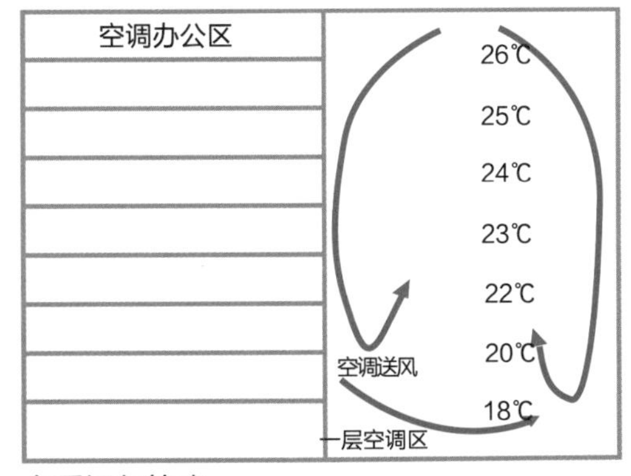

个方案最终是感觉很舒服的一个方案，但是你在里面可以感知到最多的这样的大自然的环境。

我们这部分的工作其实很多，也不能说是独门秘籍，但是我们觉得是有优势的，因为我们是真正在做优化这个事情。

分工协作

公司在2008年的时候就参与了上海中心大厦，就是一个这样高层的建筑要做三星级，所以其实我们在面对困难的经验上还是比较足的。

我们感觉宝业的这个项目还是合作得很愉快的，因为我们的业主，还有我们的设计院，都很有这个理念，不排斥。所以在整个过程当中，在我们这个层面上来说，没有遇到一个特别难以跨越的困难，对我们来说可能有一些是有困难的，是因为我们中间可能会有一些业主的人员调整，包括我们这边的人员调整，因为这个项目时间也很长，所以导致中间可能有一些衔接性的问题。

但是就对于项目而言，我们感觉到它不是一个特别难的项目，还是刚才说的它是一个水到渠成的项目，当一个东西做得很水到渠成的时候，中间大家又是齐心协力在做这个事情的时候，其实在技术上的困难就不会很多，不是说我们提一个技术，然后大家就很反对，然后我们再去推进，然后再反弹，这种其实很少。

我们内部分工的话，季博士是项目总监，因为他是我们技术这块的一个负责人，而且他是我们整个宝业集团的一个对接人，然后我是项目经理，可能就是在做各种协调性的工作，做我们内部团队与外部的业主协调的工作会做得多一些，然后技术方面我也会做一些把关。还有我们的项目主管，就是我们的李坤李经理，她可能做一些更具体的实施工作，比如说绿色建筑，最终它是要满足一本绿色建筑的评价标准，其实都是准备一些报告，然后有一些东西要证明的，按照它那个格式打包申报，然后评审。

LEED的内容其实还包括一些材料采购，包括检测报告，它是在美国的GBCI的网站上做一个英文的提交，这些具体的工作其实是我们李经理负责的，然后她下面会有各个专项的团队，来做各个板块的一些提交。

我们的数字模拟实验室，它也会有分工的，就是风、光、然后热，还有就是能耗，也会有分工，数字实验室会来做一些具体的工作，我们整个团队是这样的一个架构，每个人也会有自己的分工。

在整个过程当中，其实阶段也会不大一样，前期的话可能就性能模拟的事情会更多一些，然后施工过程当中我们也会做把控的，因为它要满足绿色施工的要求，绿色其实有专门一个版块称为施工管理，在施工过程中也是控制它的各种污染，然后也有节能节水节材的相关措施。还有一些就是对于采购材料的要求，比如尽可能采用本地化的材料，因为减少运输的成本，然后对于现场的废弃物做一个回收利用，等到了施工过程完成之后，它会进入一个运行阶段。

运行阶段其实也是我们要参与的，它在运行管理的一些制度，包括对它的一些用能用水的，在运行过程当中的一些策略，还有一些持续的优化，这个其实我们也要管控的，因为绿色的三星级是最终运行一年之后拿到运行的数据，然后专家到现场做评审的，所以整个过程还是比较长。每个过程当中可能大家都有不同的分工，比如前期数字模拟时会参与，后期可能就不参与了，但是后期我们运行的人员就会来参与。

全球绿建评价体系

前面讲到两大认证，就是我们最开始决定做的，一个是国内的绿色标准，它是2006年

出来的，还有一个是美国的LEED标准，它是1998年出来的，其实它是全世界范围内推广最好的。

另外的话，在世界范围内比较主流的，包括美国现在出了一个健康标准，称为well标准，它是2015年出台的。

还有一个就是英国的BREEAM，英国的BREEAM其实最早，1990年就有了，但是因为英国整个国家的性格，所以并没有全世界推广得那么好，但现在其实也慢慢地开始在中国进行推广，中国有些项目是BREEAM标准的，但是不多，最近推广力度比较大。

还有德国的DGNB，德国DGNB遵循了德国人性格，很严谨，比较复杂，在中国也有做，但做的不多。

国内还有一个健康建筑评价标准，日本有个CASBEE，其实一开始的时候大家都在做绿色方面的认证，关注的可能更多的是节约、环境，这两个板块。

到近几年来的时候，大家可能讲节约讲了一段时间了，开始更加关注人本了，就是这种舒适性，所以现在国内国外都有健康建筑评价标准。在健康建筑评价标准当中，更关注人，它不去管节约，它侧重点就是人，空气、水、食物、精神，然后舒适这些方面。

宝业中心其实我们之前也有做健康方面的评估，它后期也会做相关的尝试，它除了刚刚我们说的绿色三星级与LEED的两块认证的申请，最近在做一件事情，就是申请LEED的OM体系认证，LEED其实分成好几个体系，我们一开始在做的是LEED的CS体系，是对于新建建筑来说的，LEED-OM体系是专门针对既有的建筑，它不管你前世是如何，它就是评价你的运行期，是不是有绿色性能的好的表现。

宝业中心因为我们在前期做了这么多工作，我们也蛮有信心的，对它的能耗、水耗，包括环境蛮有信心，所以我们最近在做一个LEED的OM体系的认证，我们也是金级，但是我们努力去做，看是不是可以做到铂金级。

这个体系，现在上海很多高端的写字楼都在做，它其实就是评价整个运行期的一个性能，这个运行期的性能不只包括了节约，还包括了你的管理，还包括了你的室内环境的人员的满意度等。

当时宝业在做这个事情的时候，因为它是一个很少会做绿色三星级加LEED前端的认证又做LEED后端认证的一个项目，所以当时USGBC的中国区的总经理，还到我们宝业做了一个活动，来正式启动这件事情。

当时是颁了一个LEED-CS认证的牌子，加上正式启动OM体系认证，两件事情同时来做，因为确实能够像宝业中心这样可以做持续的认证，而且有信心自己在运行方面有好的表现的这样楼，还是相对比较少的，所以也是很鼓励做这个事情。这个认证现在在整个运行期的项目当中大家也是比较认可的。

以人为本

当时在宝业中心，我们在前期的时候没有那么有体系的健康的一个评价标准，但是因为

宝业中心它是一部分总部办公，一部分出租，所以在当时已经考虑到很多需要注意的点了，我刚才提到的声、光、热，这些其实都是健康的一个方面，就是舒适板块。

还有在空气这块其实它也做了优化，它在PM2.5与化学污染物的控制这块，使用的空气处理机组，也是一个比较有效的，而且在当时算是比较前沿的处理的一个技术。

水质这块的话，它其实也有做相关的一个

控制。

所以当时虽然没有整个系列的标准可以参考，我们后期也做过一些评估，它其实很多东西都已经达到了健康的一些标准的要求。

绿建的成本

确实绿色建筑现在也发展了蛮多年了，所以这种问题其实一直有，包括普通大众，也包括政府，也包括房地产开发商，都在问：我按照国家政策造出来绿色建筑，现在的实际效果到底怎么样？

因为发展了十几年，也要回答这个问题，所以我们也是与清华大学合作，一直在参与一个绿色建筑后评估的科研课题，它其实就是来回答这样的一个问题。

那么首先就是绿色建筑，它的能源是不是就比其他建筑要用的低，它的水是不是用的低，所以在资源这块，节约这块的话，我们其实要通过一些调研，包括一些数据的筛选来做一些回答。

另外的话，室内环境这块其实绿色建筑的一个特点，那么它里面的人是不是会住得舒适。舒适其实也分成两个表现，第一个就是刚刚说到的，你进到建筑房子里，你可能会觉得，“唉，舒服。”那么这是一种主观的表现，我们会到一些绿色建筑楼宇里做一些这样的主观的调研。

第二个就是客观的检测，包括有一些室内的长期的这种参数的检测，还有就是到现场，做一些包括声、光、热、空气品质的一些检测，然后整个课题可能等成果出来以后，就可以回答一些这样的问题。

那么我觉得对于普通老百姓来说，他其实买绿色住宅也可以有一个很好的感知，首先它的舒适性肯定是会好，而且它的安全性，可能也会更加好一些，因为很显然的特点，就是绿色建筑选用的材料肯定是有保障的，那么对于我们的这种空气品质的安全性，肯定也是有保障的。

对于增量来说的话，绿色建筑的行业现在其实是在快速发展的，那么相关绿色产品，它的成本也在往下降，然后还有就是我们相关的一些设计标准，包括节能设计，包括节水设计，这些设计标准本身它的强制性要求就已经挺高了。

所以绿色建筑再做一个提升的话，比如说一个二星级的绿色住宅，可能也就是50元每平方米的一个提升，很多东西都已经是标配了，那么这个费用对于房价来说，其实也不算太多，但是你可以感知到这部分增量给你生活带来的一些改变。

传统与新科技

大家可能认为绿色建筑嘛，就是这种高科技的建筑，会有这样的感觉，觉得一堆技术在里面称为绿色建筑，但是其实我们有很多传统的一些好的东西，我们是需要传承的。

去年在北京，10月份，我们三个建筑设计的院士和一个建筑大师合办了一个论坛，这个论坛是基于四个建筑绿色设计的大课题，做了一个大家交流的论坛，因为同步在做很多的相关的课题，当时就提出了很多这种传统建筑，其实很多东西我们是需要吸取的。

包括重庆的吊脚楼，还有福建的一些土楼，还有广州与深圳一些在建筑方面的架空的设计。

这些经过我们中国人民上千年的智慧结晶下来，对于我们当地的一些建筑的这种传统的做法，反而是绿色最开始的概念。因为这种理念，其实就是与当地的气候结合下来，经过长期的实践，认为在里面就是舒适的，所以才会去这样做。

所以现在当很多建筑师回归到绿色建筑的研究领域的时候，我们就更多地在探讨这个问题，怎么把传统建筑的一些精髓和现在的科技相结合，这其实就是绿色建筑下一步需要探讨的一个问题。

第三节

绿色建筑的未来：以节能为目标，以舒适为根本

——项目绿建顾问　季亮
——项目绿建顾问　李坤

数字实验室的前世今身

数字实验室其实在很多的航天航空，精密的机械制造里面，早就在用了。

在建筑里面用的相对要迟一点，但是它已经具备了先导的条件，我们所谓的数值模拟或者称为计算机模拟，其实它就是一个计算机来做实验，所以我们也称数字实验。

数字实验的好处是，它不用像常规的实验一样，去搞一大块场地，建一个很大的实验室。现在有一个话题性比较强的例子，就是飞机的动力学，因为最近刚好有这方面的事情，飞机最早就在用数字方式来做实验，飞机在研究机翼，包括它的发动机怎么定型的时候，会用计算机做很多的实验。计算机做实验的目的不是说计算机可以完全代替真实的实验，真实实验也是必须要做的，但是计算机可以大大地降低成本。

比如说飞机机翼我设计出来100个造型，通过计算机的方式我筛选掉其中的95个，最后只剩5个，最后去做实体模型，我只需要做5个机翼，放在实验室里面，去吹一吹，看看哪个更好?

我们做建筑也是这样，建筑原来在数字实验方面相对来说用得比较少，但是这两年因为计算机技术发展得很快，建筑领域也开始用了。所谓数字实验就是通过计算机的方法，提前来判断这个建筑在造好以后会是什么状态。

如果说我是拍脑袋造这个建筑，我觉得窗户大，采光就好，但是造完之后发现，不好意思，采光太好了！好到坐在南面的人觉得这个光线照的我计算机屏幕都反光，都看到我自己

的脸是长什么样了，这属于光线太强了。但是这种拍脑袋，我们通过数字实验的方法就可以解决，如果用传统的方式来做这个实验，那我是不是要建一个跟这个建筑10∶1的模型或者100∶1的模型，用一个假设的太阳光照下来，看是什么状态。

这个就太复杂了，现在有了计算机软件，我们可以通过计算机的方法来快速地运算，我只要告诉计算机它的原理是什么，计算机给我跑一遍，把结果告诉我就可以，这就好像阿尔法狗一样。

所以现阶段数字实验室非常流行，在宝业这个项目当中，我们是充分地把数字实验用到了设计的每一个环节，来优化这个设计，做得更好。

我们数字实验室现在包含的功能包括什么呢？我们所关心的建筑里面所有环境的实验我们都可以做，像外面的有些单位，它可能并不全面，上海建科院在12年决定建数字实验室，我们一开始就想把建筑物理这一块做全，风、光、生、热，你可以想到的与你在这个建筑里面感觉舒不舒适的相关的内容，基本上我们都可以包括了。

你在建筑里面觉得热了冷了，一定是通风不够；如果你感觉这个房间太昏暗了，你昏昏欲睡，那一定是这个光没有做好；你觉得噪声

太大了，一定是这个噪声没处理好，所以风光声热基本上可以囊括一个人在建筑里面所要求的环境的方方面面。那么除了风光声热以外，我们还能管什么呢？还能管一个与普通人关系不密切，但是对建筑的运营者而言关系很密切的能耗。

如果你在一个办公室里办公，你只关心风光声热，但是物业会想，我今天这个楼耗的电是不是太多了，我在不影响你的舒适的情况下，是不是可以把能耗降低一点。那么我们还有一个能耗的分析，所以我们数字实验室现在包括的能力是风、光、声、热、能耗，我们还包括一些特殊的，称为疏散分析，电梯分析，这些我们都可以做。

我们通过这一系列的计算机分析，可以为建筑带来品质提升的一个非常良好的价值。我们曾经有一个项目非常有意思，这个项目是一个超高层建筑，我们做电梯分析，电梯分析要设定一些指标，比方说我在任何一个楼层，我按下这个键，电梯到我这层楼来接我不超过60s。

当然越高级的楼，可能这个指标越好，比方说5A级办公楼，可能不超过45s，我们假设是60s，然后我进去之后，到达我想去的楼层不超过45s，这个做法是什么呢？做法当然是电梯越多越好，最好一个大楼里面一百座电梯，大家都可以很快，但是一百多电梯，投资也上去了。传统的设计它是根据经验，包括有一些经验公式去算的，但我们有了数字实验室之后，我们让数字去模拟早高峰的时候来多少人，根据大家的心理状态模拟电梯运行情况。因为人的心理状态是哪个人少排哪个，哪个楼层快我就按哪个，通过这一系列的模拟，最后告诉你，电梯应该分高低区，还是应该分单层双层，还是中间设转换层，通过这一系列方法，最后给到你一个最佳的答案，最后保证还是60s和45s，但是可以帮业主省一台电梯，超高层建筑一台高速电梯就可以帮业主省一千多万。

软件是一个很小的事情，但是就可以省很多钱，包括刚才的风光声热。风光声热可能没有办法通过钱来量化，只能通过人的体感舒适来衡量，但人的体感舒适也很重要，一个上海中心它里面设计大概要装1~2万人，那每一个人都感觉心情愉悦了10%，这带来的价值又是多少，这个是没有办法衡量的。

所以我觉得数字实验的价值，在建筑设计的前期，对于提高建筑设计的品质是非常好的。中国也有这样的趋势，因为以前的建筑是粗放的，造得要快，但现在的建筑不讲粗放了，或者粗放正在向精密精细化去发展，这正是数字实验室大有可为，也确实能够产生贡献的当口。

未来：与新技术的结合

关于发展方向，最近我们做过好几次报告，都是讲类似的事情，很多人也在与我们探讨。因为在绿色建筑这个行业，我们还是非常有影响力的，所以很多业内的人士愿意和我们探讨，正好这个话题我们也研究过。

发展方向我们觉得有这样几个方向，第一个是绿色的概念向更深阶段去拓展。

我们刚刚从一个的健康建筑的评审会上过来，绿色建筑下一步的发展就是往健康去发展，因为大家知道绿色建筑的概念是节能、节地、节水、环保等一系列，但是随着中国经济的发展，下一阶段的社会主义主要矛盾是人民追求美好生活的向往和不平衡不充分的发展之间的矛盾。那么人民要追求美好生活，大家条件都上来了，都好了，已经不像是以前那样省吃俭用了，那追求美好生活追求健康是最重要的一部分。

健康建筑它应该说是直击痛点，直击灵魂的一个需求，绿色建筑相对来说也非常重要，它对于整个国家的发展，乃至中国对世界的可持续发展的承诺是非常重要的，因为它是节约能源爱护地球的。但是对于老百姓而言，现在在上海房价很贵，包括一二线的房价都很贵，他买了这个建筑以后，你告诉他这个建筑每年可以节约2000元的电费，当然2000元也是钱，但他可能不会太敏感。他更重视的是，你告诉他这个建筑空气非常的洁净，水非常的洁净，室内的家具没有任何污染物，住在这个建筑里面，也不会有楼上楼下排水的噪声影响到你，那么这样的建筑就是非常健康的建筑，这样的建筑他会非常愿意买单的！

你看我们的父辈，如果他辨识真伪的能力强一点，不会被骗，辨识真伪弱一点的，经常会去买这样那样的保健产品，他愿意一掷千金，就是因为大家追求健康的需求是亘古不变

的，每一个人都需要，所以绿色建筑第一个发展方向是向健康建筑发展。绿色建筑本身也包含了健康的概念，但是绿色建筑里面健康的概念只是它的1/4，而健康建筑它所有的概念都是为了人的健康，以人为本服务的。我们正在编健康建筑的评价标准，有了这个标准之后，健康建筑的建设和设计，就有法可依了，那么开发商按照这个标准来建设房子，将来这个房子卖给你，就是一个健康的建筑，这是第一个发展方向。

第二个发展方向就是绿色建筑往更广的领域发展。

我们最早接触到的绿色建筑，是绿色房地产，就是绿色的房子，绿色的办公楼，绿色的住宅，包括其他的一些绿色的教育设施，绿色的宾馆，是这样一些内容。但是下一阶段，绿色建筑要往更广的方向发展，包括绿色地铁，我们现在正在做上海轨道交通14号线的绿色咨询服务，将来14号线就是一个全线的绿色地铁。等14号线建成以后，我相信如果有机会去坐14号线的话，一定会感觉到14号线和其他线相比，一进去会感觉到好像哪里有点不一样，就是因为它绿色的，这是第二个发展方向，就是绿色会往更广的领域，往市政，往交通方面去进行发展。

第三个，绿色会往更新改造方面发展。

因为上海作为一个国际化大都市，人口非常多，土地又比较有限，那么上海的发展将来不是粗放型的铺大饼，而是说把同样一块土地上的原来不是绿色建筑的改成绿色建筑，或者原来这个使用功能效率低下改成效率更高的这样一个建筑，它可以为更多的人服务，它提供更好的交通或者生活的便利性。

整个上海有一个2025的规划，是对整个上海城市更新的要求，包括整个上海要建成可阅读的城市，这样的一个要求会往更新改造，往城市城区这方面发展，所以这是第三个发展方向。

第四个发展方向就是绿色建筑会往精细化管理方向发展。

绿色建筑前期设计这一块我们做得可能很好，但是绿色建筑真正在运营阶段，能够把绿色建筑运营好吗？这其实是一个很大的挑战。因为绿色建筑用了很多新技术，但这些技术如果不能合理地把它用出来，它就属于是茶壶里的饺子倒不出来。

绿色建筑下一阶段要精细化发展，精细化运行才能真正体现实效，所以下阶段的发展，绿色建筑会从关注前端设计，到同时关注前端设计和后端运营，两个方向兼顾着来发展，这样才能让绿色建筑真正实效化。

绿色建筑第五个发展方向，是与BIM和装配式有关的。

绿色建筑会信息化发展，它会与信息化结合在一块，BIM其实就是信息化的手段，BIM中间的字母就是I，I就是Information，绿色建筑和信息化结合在一块，它可以运行得更加精细，它会建造得更加精细，那么有了BIM我们将来会做装配式建筑。

装配式建筑就像工厂造车一样，大家都觉得车比房子造得好，为什么？房子是现场工人一点点搭起来的，工人的素质不同，就会使这个房子造出来的细节不同。

有了装配式的话就不一样了，装配式建筑是在工厂建造好，工厂流水线建造的东西是计算机指挥机器去建造的，它所有的产品都是标准件，所有的产品出来的质量都是一样的，所以装配式建筑会使整个绿色建筑的建设精细化、高效化、我们工人在现场只要拧螺栓，拧扳手就可以了，就可以把这个建筑造起来。

将来这建筑里面每一个构件都是工厂生产出来的，它就非常精细，而工厂生产这些构件的精细就取决于BIM和信息化这些手段。BIM也是信息化的一种，BIM只是把建筑变成了一个三维的模型，那么这个三维模型一旦变成了计算机可以理解的东西，计算机就会有它的一套逻辑去拆分这些建筑。有了BIM模型，你告诉计算机这个拆分的模型，虽然这个建筑形状各异，但是请尽量把这个建筑拆成少量不同的墙，这个墙不要拆成十种墙，十种墙工厂就要生产十个构件，我告诉计算机尽量把这个构件拆少，越少越好！

如果计算机计算得好，能够把墙拆成就三种构件，将来通过这三种构件，就像七巧板一样，可以拼成无数种造型。你就按三种构建去拆，那么有了BIM，有了装配式，有了现在计算机的介入，将来也许这个建筑就是三种构件，可以拼接成无数的构件，那么一方面工

厂流水线生产越多就越精细，流水线效率也越高，到了现场它的制作也会千变万化，这是BIM在建设阶段的作用！

同时BIM在建设阶段，还可以使工人对建筑的三维形状更加了解。有些管理我们往往看图样可能会看错，但有了三维图样，包括碰撞检查，包括现场检查，所见即所得。我们对三维的理解往往比二维的理解来得更专业，我给你一张二维的平面图样，你不是我们专业的，你可能看起来就会觉得很痛苦，但我给你一个三维的造型，这里面沙发摆在这儿，床摆在这儿，这里面包括办公桌，你一看就很清楚了！所以BIM对施工管理，对现场的设计管理也会有很好的提升。

BIM对建筑的运行会有很好地提升，如果结合BIM信息化管理的手段，以及信息化管理工具，建筑就可以更加精细化地管理。物业看到哪里的灯坏了，马上就可以在模型上看到，是三楼北侧某一个灯坏了，这个灯是什么型号，马上去找备品库，备品库有没有这个型号的灯，而不是工人师傅到现场，去瞟一眼，这个灯是什么型号的，再去备品库看，这样一系列的管理都可以通过计算机的方式来优化，来更加精细化地管理。所以第五个发展，绿色建筑会往信息化工业化这个方向去发展。

以人的舒适为本

我记得有这样一件事情，因为整个设计团队来自于宝业集团浙江设计院，项目本身做的是中国和美国两套绿色标准，可能对我们咨询方而言，会涉及两套体系的一种结合，包括与国内现有的标准结合。然后我记得有一个事情是关于我们那个项目，因为我们项目用了中水雨水系统，这个设计点最初我们在和设计方沟

通的时候，可能会存在一些误差，然后后来我们专程为这个事情去了浙江杭州那边，与他们设计院就这个问题做了一个沟通，包括说考虑到后期运行的情况。

因为雨水系统其实现在在上海，整体的运行情况不是特别好，因为雨水存在一个比较大的不稳定性，所以我们这个系统最后是增加了一部分优质杂排水，就是我们的洗手间的水，但不是厕所冲厕那一部分，用来作为我们的补充水源，其实也是希望这个系统能在后期比较稳定地运行。那么这个点的话，我们是专程去苏州那边与设计院做了一个面对面的沟通，然后把这个方案做得比较细化，然后再落实到项目中，这是一个相对来说是比较紧密的联系和沟通。

因为项目是宝业自持的，它是一个比较闭环的思路，前期绿建的设计和LEED的设计在两三年前都已经拿到了，那么我们现在在做的工作，就是去申报它关于运行方面的绿色的认证，包括我们中国的绿建，还有美国的LEED的OM体系。

现在的整个的楼宇，根据我们拿到的数据，大概完整的运行时间是在一年左右，因为陆陆续续地还有一些租户进来装修，包括这样一个过程性的工作，其实我们前面做了那么多工作，最后我们要看的事情就是建筑运行怎么样，在里面的人感受怎么样，这是我们做运行的时候，两个比较大的出发点。

建筑本身怎么样，包括我们的设备运行情况怎么样，各种绿色系统有没有正常运行起来，运营体系评估都是从建筑和人两个方面去走，因为已经用了将近一年的时间，那里面包括宝业办公的人员，还有相应的租户，那么我们可能从人的这种行为方式，人对环境的感受度，包括人对这个建筑的整个感觉上来做评估。

到目前这个阶段我们在这两方面都有一个比较初步的结果了。

首先在建筑这方面是去看两个方面的绿色运营，第一个就是所有的设备系统，比如说这个项目的中水系统，我们的热回收，包括我们的这些遮阳，还有屋顶绿化，这些设施有没有运行得比较良好，这是我们通过和物业的沟通，查看他们的一些日常记录去判断的。

第二个就是楼宇在运行，它必然产生用能，产生用水，就会产生室内环境事实怎么样？其实我们比较客观地拿了它的一个账单数据去分析，去看了一下我们整个楼宇的情况，这个应该不是最终数据，但是可能是一个过程性分析的数据，上海地区的用能指数，办公类的话，基本上在80千瓦时每年每平方米，办公是按年和平方米来折算的，这样算下来我们项目的初步统计数据是包括所有用能用电，还有我们用的是能源站的冷热水，整个用能统计下来大概是在50~60千瓦时，这样一个初步的数据，因为前期在运行过程中，还有比较多的租户在装修，所以这部分其实还是会略微有一些偏差，但基本上可以体现我们这个楼宇，还是比上海的平均水平，降了大概百分之二三十的这样一个量，我觉得可能还有进一步降低的空间，因为大家也知道楼宇进行运行中间，还存在着物业团队和设备的磨合，包括一些设备的运行状态不是特别好，这是用能一个方面，用水大概也是这样一个水平。

在环境这个版块，因为它主要功能还是办公和会议为主，在这个区域我们放了比较多的监测设备，去监测它整个冬季、夏季、还有过渡季节的室内PM2.5、二氧化碳，包括TVOC，来看它的整个水平情况。我们可以比较客观地说，因为它的办公人员密度不是特别高，里面的人没有特别多，因为二氧化碳主要是人的呼吸产生的比较多，它其实和室外的水平差异不是特别大，400~500ppm这样的一个水平，这其实不能反映出建筑本身的一个优点，但也能反映出我们办公环境会比较好一些。

至于TVOC，这个项目检测出来的水平大概是在0.4~0.5ppm，这个值不算特别低，但算是合规的水平，其实也是比较合理的一个范围，因为项目是建成一年多左右，TVOC主要是建筑装修过程中的木材，包括地毯，还有涂料，还有胶粘剂散发出来的。

那么大家都知道，其实把所有的装修完成之后，必然这个值叠加出来是偏高的，但是按照目前测试的水平相对来说还是比较安全的，而且合理的范围，随着项目后期的运行，它这个浓度会慢慢地更低一些。

还有一个就是PM2.5，因为我们用了一个中效过滤系统，PM2.5的整体室内浓度基本上还是可以达到一个大概十几到二十这样的一个范围里面，相对来说证明我们项目的过滤系统是比较完善的，同时整个建筑的气密性也是相对比较完善的。因为我们是装配式的立面维护结构，装配式有比较大的一个问题，我们去现场看过也是存疑的一个点，就是一个气密性，或者说整个建筑的密封性，因为它是一块一块的模板拼接在一起的，不像现场浇筑的那么好，去做这种密封性的控制，但密封性对室内的空气品质其实也会有影响。

以上这些就是我们运行中在做得比较多的事情，这是对建筑本身而言。

对于建筑里边的人来说，我们在现场对项目的整个运营情况的分析中间，接触到了物业，接触到了业主，还有里面的办公人员，我们对他们的工作主要是想了解一下，首先他对整个项目的舒适度，我觉得是两个方面，因为对于在这里办公的人员而言，他其实不会特别关心你的能耗，水耗，包括整个建筑运行中的费用问题，因为这对他的关联不是特别大，他其实比较关心的一个是我们刚才提到的这种室内空气品质的检测结果，这对他的身体安全影响比较大。

另外一个就是他对于在各个季节，室内的这种温湿度，体感的舒适度，还有一个就是整个办公环境的营造，以及对整个办公室外室内，包括员工餐厅的一些配置情况的一个感受，这里也是有一些反馈的。

从我们对整个项目的绿色低碳的评估来说，首先评估的第一点，就是人员的出行模式，到底是不是公共交通或者是自驾车，这个可以客观地看出来，相对来说还是一半一半的水平，因为这与它本身地理位置也有关系。

第二个就是人员对室内舒适度，对空气品质的感受，大部分人反馈回来的数据，80%以上都是比较满意的，包括温湿度感应，还有室内的空气质量。还可以看出大家对于整个项目的屋顶绿化，室外绿化，包括一些活动空间的满意度还是很高的。

我们项目里面建设有员工餐厅，有健身房，还有一些淋浴设施，另外屋顶绿化不是纯景观绿化，它是结合一种可食性的植物，物业其实也有做很多工作，来形成一个比较好的都市屋顶农园的这种感觉，员工对这块的感受会比较高。

大家其实也会反映出一些问题，比较大的一个问题就是交通便利性，我想可能在后期整个虹桥片区完全成熟起来之后，这个问题也会有比较大的一个改善。

第六章

聪明的『员工之家』

第一节

天生丽质，冰雪聪明

——项目智能化顾问　马磊

看到这么多的数据和图片，很多人会觉得这个项目基本上已经是一个女神级的项目。女神可以由两个词汇形容，第一个词汇是天生丽质，第二个是冰雪聪明。

对于天生丽质，合作伙伴们已经做到了，冰雪聪明就交给我们吧。我们建筑智能化的平台叫霍尼韦尔指挥控制平台，缩写为CCS，它是一个非常智能的平台，是建立在弱电的各个子系统都已经非常完善的情况下构建的一个综合性指挥平台。我们这个项目主要集中在这两块：一个指挥墙平台和一个事件管理工作流。在展厅里面，大家可能都已经看到了，已经实施完成了。

这是一个系统的架构，大家可以看到各个子系统，如安防系统、消防系统，甚至还有其他的一些系统。

这些系统在我们的建筑智能化平台上进行数据汇聚，形成一个大数据平台。平台会把这些项目子系统数据都收集下来，然后将这些数据做集中的展示和应用。

针对上海宝业中心项目，我们的宗旨是：以人为本，永远以客户需求和使用情况为导向，更加关注最终用户是怎么用的。不像我们以前看到的一些传统弱电系统，大家看到的可能是每个系统配一台计算机，计算机上显示的内容需要专业技术人员来操作，运营管理人员往往无能为力。

建筑智能化平台其实注重的是管理策略，侧重的是运营而非技术，在实际使用过程中，不需要了解如何编程、如何相互连锁，只需要知道如何便捷地操作和管理并应用于服务即可。

我们的系统都会留有开放的数据接口，现场软件接口工程师通过编程手段将各种各样的

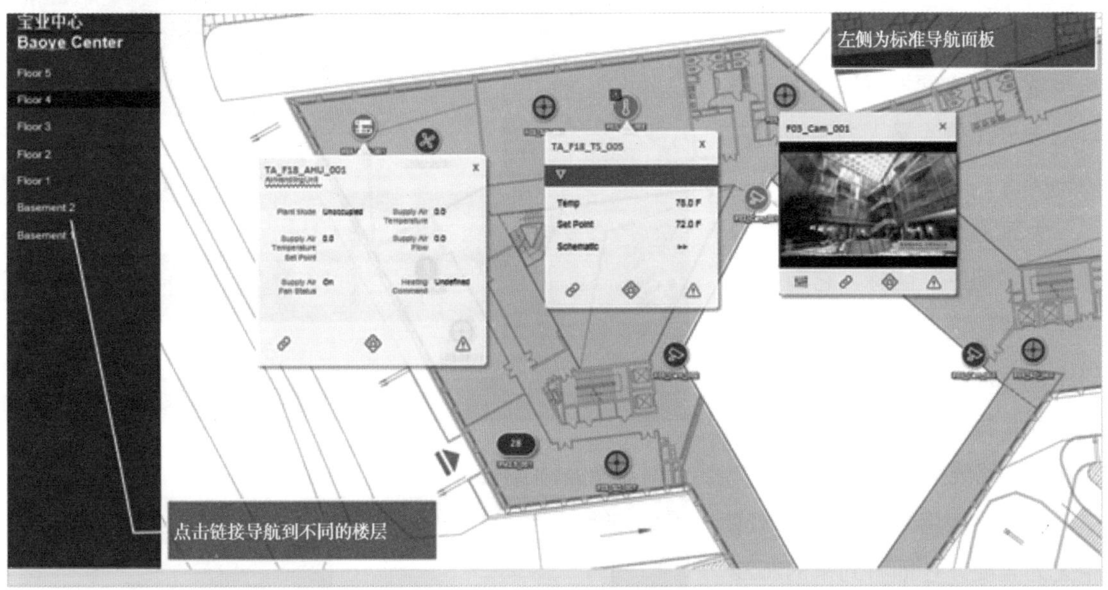

数据转换成霍尼韦尔识别的标准数据格式接入系统平台，应用工程师根据用户的使用习惯和操作模式将标准数据导入到可视化界面上，即成为一个可视化应用平台，操作起来既方便、快捷，又直观和容易理解。

例如，我们通过屏幕显示的一个界面就可以看到所有的弱电系统设施，还可以通过直观的引导操作进入各个楼层去进行管理，导航方式非常简单，像看地图一样，非常方便。

例如某个楼层设施出现一个叹号，我们就可以直接点击查看出现叹号的原因、设备的运行状态等。

又例如，我们需要在一层举办一次展会。展会前，为确保安全和突发事件应急处理，我们需要检查消防系统、安防系统、监控系统是否完好，设备是否能够正常运行。那么我们就需要做检查、做记录。通过我们这个可视化应用平台，不仅能追溯所有设备对应的检查人和一系列记录，而且能够实时监测各个系统的完好性，一旦出现设备问题或发生紧急事件，当即通过系统反馈就能方便地解决，而无须现场再去花费大量人力和时间去逐一排查。

大家通过房间导航图，看到了一个“烟感”图标，它有报警指示，周边还有摄像头。我点开这个图标就可以方便地进行视频监控和广播，比如是否发生了火灾、逃跑路线播报等。

可视化应用平台在应急响应中尤为重要。在即将到来的2022年的卡塔尔的世界杯中，我们霍尼韦尔也在与卡塔尔政府谈相关项目的合作。由于是全球性质的足球赛，所以安防形势还是比较严峻的，大家都比较担心紧急事件的突然发生。这时候，可视化应用平台就相当于一个指挥中心，极大地方便相关人员根据紧急事件的性质快速、便捷地处理，尤其是系统交互、显示和人际沟通都不能有任何一点错误，缩放、实时显示、准确定位等都要与可视化结合起来，就好像摩天营救中的智慧建筑一样。其实，我们也可以在功能上做到一样的程度。

应用1–紧急事件处理预案

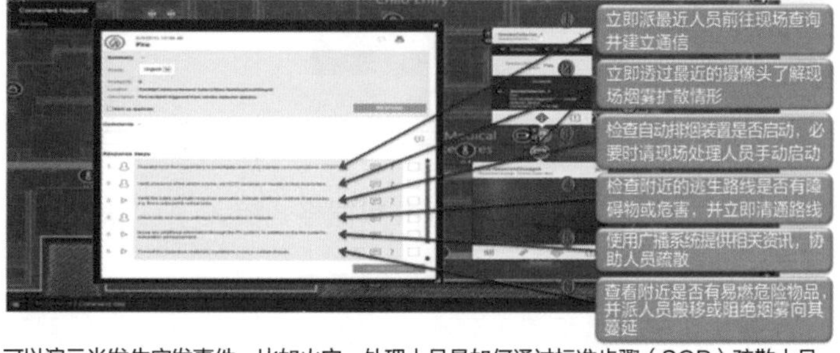

可以演示当发生突发事件，比如火灾，处理人员是如何通过标准步骤（SOP）疏散人员，降低灾害，以提升事件处理的安全性及应变能力

我们在项目实施过程中需要一直统计项目的设备情况和产品应用情况，如各个子系统需要做多少设备、多少设施。实际过程中，存在这样的情况，一个设施在项目中已经变更了很多次，由于现场的这些设备设施也是在不停地变更中的，我们最早拿到的图样可能后面都有好多版，这就要求我们的版本在不停地跟着变化。为了应对这样的情况，我们公司内部其实组建了三个团队一起来运作，分别是澳大利亚平台开发团队、印度设备设施部署团队和本地接口开发与应用实施团队。项目前期，我们做了大量的沟通，我们基本上每周都开一次会，来协调现场的布点结构。总的来说，我们的前期工作做得非常细致、到位，这样的话，现场只需要做好需求收集，系统接入、整合、调试等工作就可以了。

我接触这个项目实际上是在去年9月份，一直到现在，由于项目管理规范、文档完善，另外项目之初考虑到项目的复杂性，就需要三个团队有效配合，科学、严谨地管理文档。如何跟进、如何协调、如何实施，都需要非常明确的分工。例如我们的印度团队并不在现场，那么我们就必须将收集的每一个现场细节通过网络全部反馈给他们并定期开讨论会直至符合甲方的预期。

在这里分享一点经验。由于可视化应用平台很大，所以很多子系统依赖各个系统供应商，需要向总包交代他们的系统如何接入。如果不协调好这个事，就会产生一系列沟通问题，所以每次开会我们都会提出想要收集什么样的数据，想要协调什么样的事。

通过多次开会协调，很多事情都能够顺利解决，但由于各种各样的原因并非那么顺利。有的问题是前期准备不足造成的，比如我们的集成有依赖性，与系统相关性高，那么子系统供应商会说无法提供接口资料，这时候就只能甲方出面协调。所以我觉得最好的方式是前期以书面方式让系统供应商做相关承诺会更重要一些。在前期如果我们就与系统供应商确定好集成系统依赖哪些条件，就会对工作开展更为有利，如依赖网络接口、总线接口，若系统供应商在产品资料报审的时候就给予确定，集成系统时不会产生那种返工现象或者增加项的现象。

上海宝业中心这个项目中，甲方已经做得比较好了，但是还有一些遗憾：如果在项目设计时我们就参与了，集成工作会开展得更顺利。我们会有许多创意，但是项目的基础系统还是需要项目协调，这非常重要，特别是前期的沟通尤其重要。 例如我们做展厅某个触摸大屏时，发现大屏接口与我们后台主机的接口是有区别的，这就导致原来的布线无法直接使用，最后只能通过网络布线加转换器来完成。还好甲方考虑周全，有备用网络线，否则就需要破坏装修重新布线了。 完成后我们发现系统时常不稳定，表现为转换器工作一段时间，就需要重启，在此过程中，我们更换八九种转换器，才找到一个稳定的，这给我们一个很大的教训，那就是以后要在系统部署前多调研和测试。

第二节

上海宝业中心的智能办公系统

宝业中心具备三个大系统，分别是基于智能楼宇集成管理系统（IBMS）的可视化智能管理平台、基于智能中控的音视频会议系统、基于华为网络服务的计算机网络。

基于智能楼宇集成管理系统（IBMS）的可视化智能管理平台

可视化智能管理平台是基于智能楼宇集成管理系统（IBMS），提供开放式的集成平台，集成多种智能控制系统，作为末端智能化统一指挥平台，为不同的控制系统提供统一的控制界面，并具备应急指挥和全局综合管控功能。在可触控可缩放的电子地图中直接查看各类设备的状态及视频影像，并可依照标准操作流程（SOP）产生对应的事件处理工作流，为不同的控制系统提供统一管理，提高建筑人力资源应用效率。将视频监控系统、门禁管理系统、停车管理系统、入侵报警系统、楼宇自控系统、能耗分析系统、智能照明系统、消防报警系统等多个子系统，通过在指挥墙的操作，可以便捷快速地对各系统进行状态的监管，达成智慧指挥调度的目的。

对于住户及访客，则可通过关注宝业中心官方微信公众号，实现对停车缴费、访客预约、会议预约的功能应用，同时可通过微信公众号获取项目相关推文，查询项目环境状况（空气质量、温湿度等）、食堂餐饮情况及当日用餐卡路里摄入情况、车位信息等各类信息。

可通过信息发布系统，在会议室门口的信息屏上显示会议室预约及会议室使用情况。

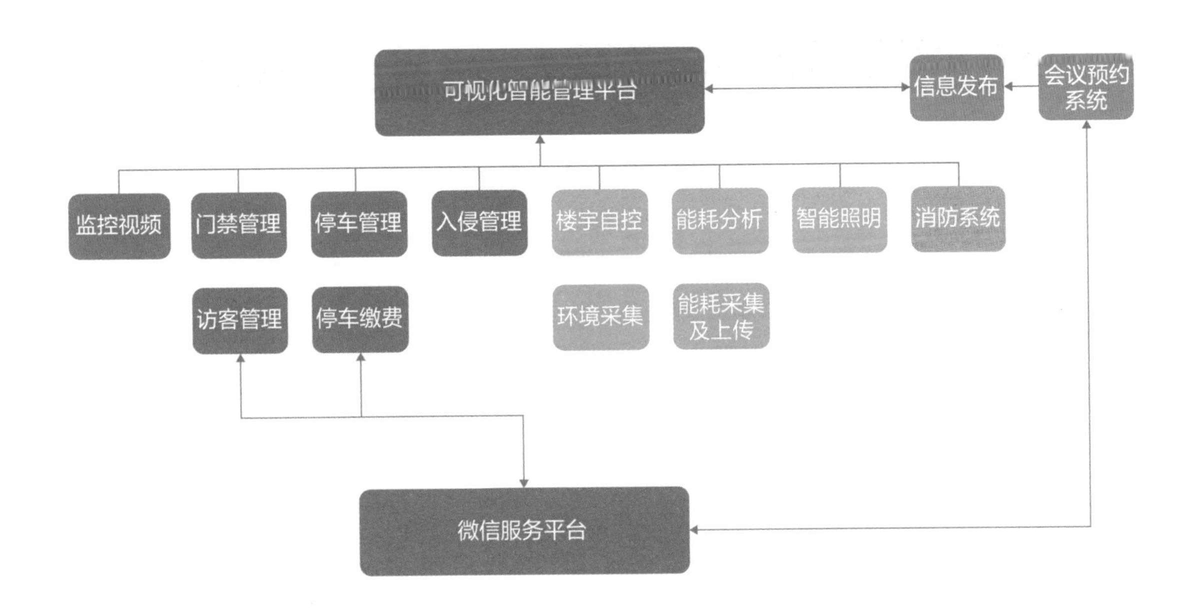

互联网 + 智慧停车场解决方案

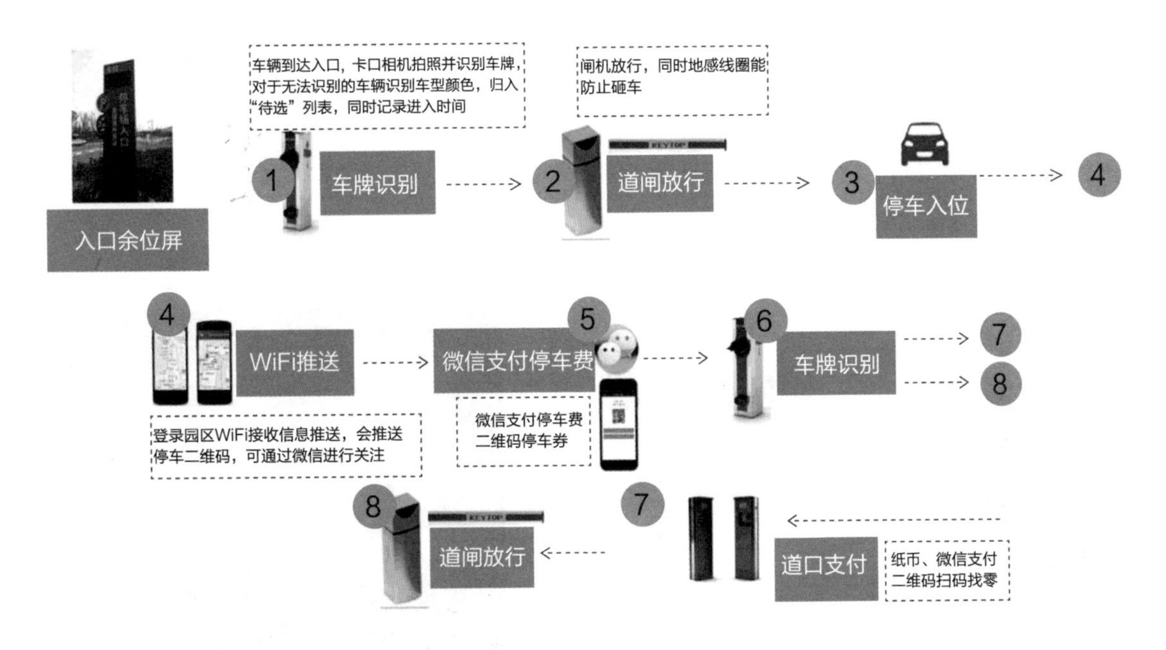

基于智能中控的音视频会议系统

项目会议室内具备完整的音视频会议功能。会议室分为两个大类：一为远程视频会议室，二为本地会议室。目前会议室设计采用电子白板、无纸化会议系统、无线投影及会议中控系统，实现无纸化会议室、全智能化会议室。可以实现投影和窗帘自动升降、会议场景智能化设置、Ipad智能控制、移动虚拟化远程会议及多屏互动文件共享等会议功能。

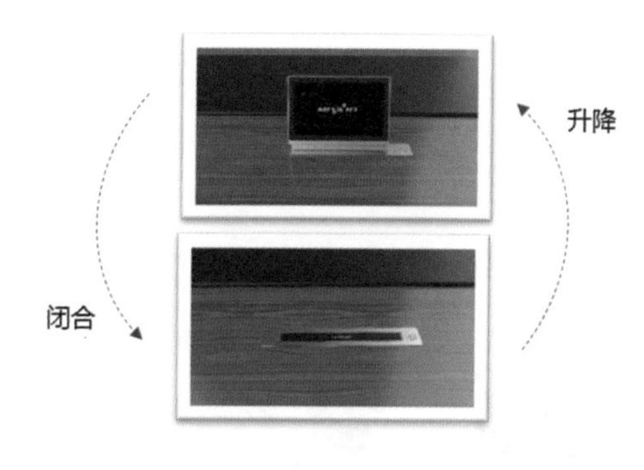

液晶屏升降一体机

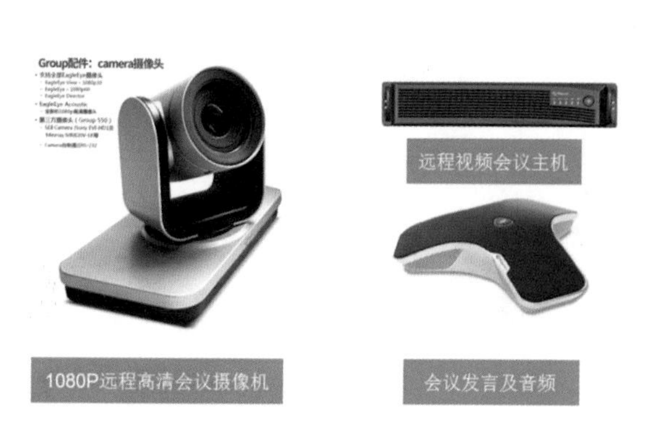

1080P远程高清会议摄像机　远程视频会议主机　会议发言及音频

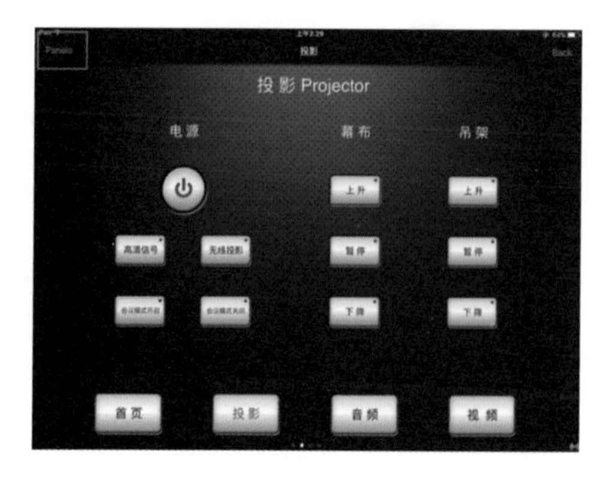

在会议室规划中有部分会议室为公共会议室，可以在微信平台进行会议预约，在划分会议重要性或预约人VIP等级后，可发放微信二维码，只有预约人可通过门禁扫描二维码开启会议室。

基于华为网络服务的计算机网络

基于华为网络服务的计算机网络可以划分为：办公内网、办公外网、设备网三大部分。办公网又可以分为Wifi无线网和有线网，项目入口处设置电信级防火设备，同时建设宝业私有云系统，服务器及桌面虚拟化部署后，前端采用云计算机方式接入宝业核心服务器群，实现文件实时共享、文件统一管理、计算及图形资源整合分配，建设成为宝业自有的计算资源池及存储资源池。

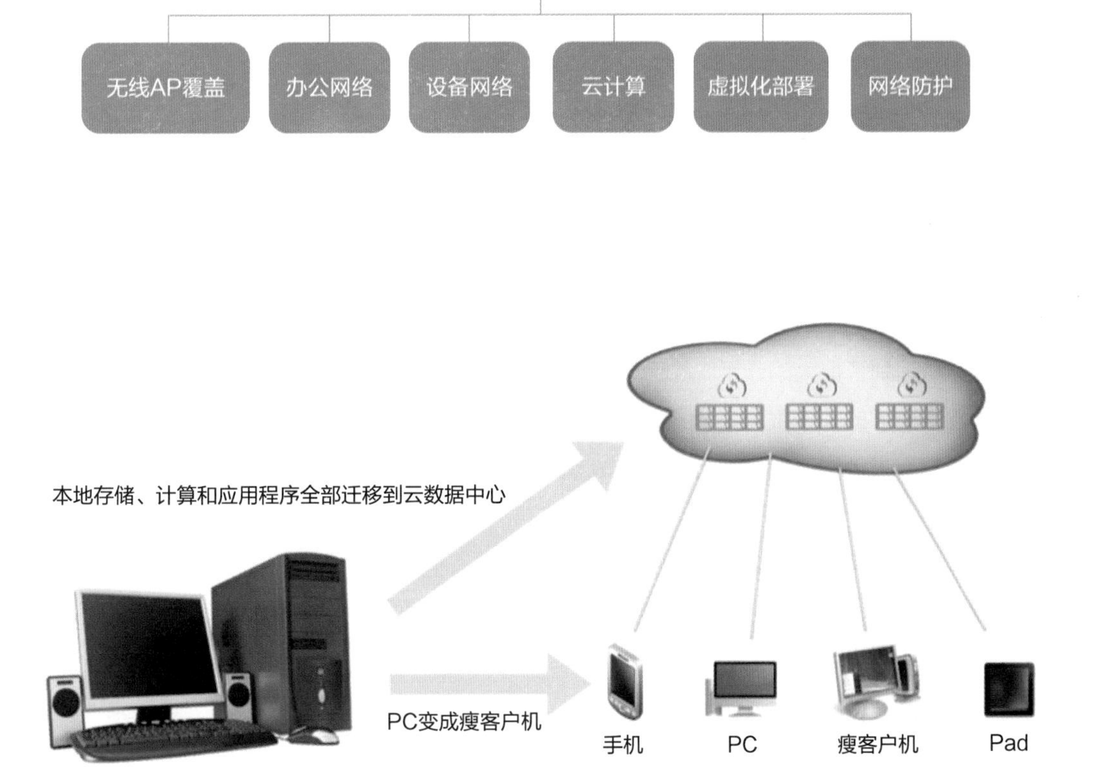

第三节

智慧建筑的构建者们

一、项目智能化顾问　齐康

怎样看待智慧建筑

所谓智慧建筑，就是说，以前都是独立的系统，分别进行管理，现在逐渐进入，把数据都汇总起来，进行互联互通的阶段。

以前我们都是基于服务器的模式，现在都是用一个数据平台，用私有云的方式，所以我们现在的业务都是可以移植到云上面的，它对数据的安全性以及后面的扩展应用，对一些数据的分析，都起到了很大的作用。

随着智慧楼宇的快速发展，大规模智慧技术的运用可以大大地提高效率，传统的方式越来越被淘汰了。

现在有这样的两种趋势，第一种是我们把各个系统通过集成，汇总到一个数据平台，这个数据平台一般都是基于云的，放在本地称为私有云，放在远端称为公有云。

第二种就是把数据集中起来，让它本身进行数据互联互通。现在技术也发展到这个程度了，它可以遵循各种各样的规则，自己去建数据模型学习，它通过日常的数据收集，建模，然后反馈，完全取代了传统的，用人去操作的一些工作，这样效率就大幅度提高了。

Honeywell一直在致力于这两方面，我们每年在中国都会投入200万到300万美金以上的研发资源。

数字和智慧的临界在哪

以前我们讲的智慧，其实都是用手工的方式做一些规则，让它联动。

但现在不一样，现在大家都是基于Python语言做的，与战胜围棋世界冠军的人工智慧机器人AlphaGo是同一种计算机程序设计语言。

数据分析都是基于这种语言，它的方式是

建模，然后对大量数据进行汇总，再形成游戏规则，再反馈回来。

再通过实际应用数据的收集，对模型进行校验，所以它会越来越准。

举个例子，我们在收集共享工位的数据，这个数据收集起来，一个工位没有人，不用到现场，我们可以判断到底是设备坏了，还是这个工位没有人使用。

以前我们做智慧电表，把电表数据收集起来，如果电表数据传给你错的数据，而你可能认为它是对的，现在通过智慧分析完全排除这问题，它就会自己告诉你哪些数据本来就不对，哪些是对的，然后根据对的数据，进行数据分析，告诉你，你应该采取什么措施，去做什么事，实现智慧化。

我们以前做能源分析，它会有很多图表，很形象的图表，如果让一般的人来看，他是看不懂的，只是看到这个东西很漂亮很炫。

而现在的智慧系统，图表只是一方面，它还会告诉你，你的用电与别的楼比，是不是超用了，这个楼哪个地方节能是有问题的。

比如，按照正常情况下，一个地方的空调是维持在20°C或者需要多少供能量，如果这个地方很异常，它就可以告诉你，风道需要去检查了，可能有哪里破了，导致了能源的流失，这是很大的区别。

现在水电我需要配水电专业的人，能源我需要配能源专业的人，安全我需要配安全专业的人，慢慢就不需要了，你不需要配很全的专业。

比如安全，你想找一个人，输入名字，它就把录像调出来了，这需要很专业的人去操作吗？根本就不需要。

比如告诉系统找某人，它就把相关录像调出来了，告诉你他现在在哪个位置，而我们以前必须要懂这个软件工具，然后进行相关操作、筛选，才能把这个人在什么地方找出来。

智慧是相通的

万本同源，其实智慧建筑、智慧工厂、智慧车站都是基于这样一种模式。

首先它的基础是把各个数据进行汇总，然后用智慧分析的语言去做分析，最后再通过平台展现。

运用不同的接口，通过软件接口工程师把数据集成进来，不同的概念只是不同的应用形式。

做智慧一定要与业务结合在一起，与工厂结合就是智慧工厂，与楼宇结合，就是智慧楼宇，本质是一样。

而现在最困难的往往就在应用方面，在宝业中心项目我们也遇到过这样的问题。

比如做安防，不光是需要网络工程师、软件开发工程师，我们还必须派安防工程师进去，而做楼宇设备控制，我们必须派专业的楼宇设备控制的工程师进去。

宝业这个项目，因为其他专业的人已经在做了，我们就存在交接方面的缝隙，所以我们

专业工程师的知识面必须要覆盖其他专业的人，甚至比他们更好，才可以指导他们把这个系统做得更完善。

Honeywell将来一定会在应用这方面，投入很多的人去做研究，因为光有个核心的算法平台，没有与应用相结合，那就是假把式，就是我们通常说的不落地。

上海宝业中心的具体工作有哪些

我们在智慧建筑行业中碰到很多志同道合的战友，宝业也是其中一个。

他们是做绿色建筑的，我们只是绿色建筑的一个点缀，很荣幸能在上海宝业中心项目里面与他们进行配合，把项目做得符合预期。

Honeywell有自己的智慧楼宇平台，真正落地的应用，在宝业中心兑现了。

知识只有与实际情况相结合，才能让人家理解为什么需要智慧的东西。

与他们合作，我们有很大的提高。比如应急响应，我们会设定一些规则，智慧平台不重要，最重要的就是那些规则，因为没有规则，一旦火灾了，怎么去处理系统是不知道的，没有应用场合、没有规则，只有平台其实还是假的。

宝业在绿色建筑行业是属于最领先的，也能收集到大量的客户需求，Honeywell作为外资企业在这方面还是很欠缺的。

可能我们的开发人员，在美国想到的东西，与中国本土实际情况还是有点脱节的。

真正地想要把智慧楼宇做好，还是需要与本地的企业相结合去做一些事情，否则你做的东西与用户没有联系，那你的产品就不会被使用。

霍尼韦尔团队如何分工合作

我们这里分成几部分，一个是做平台，一个是做接口接入，后面还有个应用。

其实最困难的地方是应用，因为应用工程师不但要了解我们平台的局限性，还要了解客户的应用需求。

在宝业中心这个项目，我们进去比较晚，要与原来的公司配合，这对我们反而是个磨练，你在这个过程中不但要听取别人的意见，你还要超越人家，才能把这个系统做好。

这对Honeywell不是坏事，这种磨练对我们后面拿下像国投中心、太平洋总部大楼、包括阿迪达斯总部大楼这些项目，有很大的帮助。

基于物联网，我们做了一个平台，再做相应的系统对接，这里其实用了我们在当时情况下最新的技术。

基于大数据的智慧分析后台也在做，其实很多公司都在做这种平台，但是如何建好，这是长远的一个过程，并不是说宝业这个项目做完，就建好了，这需要我们与业主经常交流，然后再从应用方面推进。

后来我们与宝业在江西承建的一个大楼项目进行合作，在那个项目里面，可能我们会把新的一些应用再添加进去，继续来完善整个智慧楼宇的应用范围。

运用到上海宝业中心的应用平台有哪些

Honeywell在宝业中心项目里面用了两个大的平台，一个叫BPS，一个叫CCS，BPS主要是提高楼宇管理性能，CCS主要是用于快速响应。

所有的技术，Honeywell用的都是最新的，都是基于私有云的架构，当然你也可以把它放到公有云，它都是云架构。

云架构有很多好处，你可以快速备份数据，快速恢复数据，另外我们后面挂很多很多的虚拟存储，数据量可以做得很大，而且数据真的像云一样，你可以不断地扩展延伸。

假如全国有一百个宝业中心，我们可以把它都纳入这个平台，就像我们给万达做的一样，你就可以对各个宝业中心进行数据对比，人工分析，系统告诉你每个大楼之间有什么大的区别，怎么去管理，怎么去提高效率。

这是Honeywell一直在做的，我们的架构完全符合这个要求，但是这个过程也是个漫长的过程，建数据模型是需要喂数据的。

把数据先喂进去，然后再进行清洗再建模，这需要个过程，Honeywell在智慧楼宇中还是走在很前面的。

要做智慧楼宇，首先你的产品要能承受起智慧那个框架，有些企业是做那种类似的小的架构，后面讲的智慧其实是做不成的。

给我印象最深的就是，在我原来的概念中，我们有个平台，工程师做平台部署，然后我们加上接口开发，再加上网络搭建，这个工作就结束了。

但是实际是，我们会派大量的专业工程师进去，消防的、安防的，虽然都不是我们的系统，但我们必须派这些专业工程师进去，把我们的平台与应用相结合。

这对于Honeywell来说也是一种经验，后面与客户谈智慧楼宇这些概念，我们比别人的理解就提升了一步。

国外技术本土化

美国的技术起步早，所以它在架构上面包括智慧语言方面，可能走得比较前面。

我觉得人家有的东西，没必要中国再去开发一套。

我们要做就是平台如何与实际应用相结合。

这方面美国也没有做到位，大家都是在同一个起跑线上，比如智慧语言不与下棋结合在一起，AlphaGo 生来绝对打不败棋手。

在中国也是一样，如果不与我们的智慧建筑结合在一起，把实际应用做好，我感觉美国的产品也不能说先进。

其实我觉得阿里这些企业，也是吸收了人家的一些基础知识，然后在中国应用得很成功。

Honeywell现在要成为东方的竞争者，也是想这么做，再与我们这个行业领先的，愿意投入的，像宝业这种企业，共同去创造一个产品。

过几年，可能在这个架构上产生的产品，就卖到美国去了。

就像我们做高铁，基础的技术都是一样的，电啊，动力啊，但美国可能在应用方面还是差了一点，这个时候我们中国进行快速响应，快速实践那些应用，再做一个提升，这是美国没有的环境，包括其他国家都是没有的。

我们了解下来，在国外，他们很难有像我们那种的建筑群体量，他们没有这种概念，大数据，你不能说一两个数据就行了，必须有海量的数据才能分析行为，才能做一些判断。

中国人多，数据多，这是很大的优势，包括人脸识别也是这样。

做人脸识别，在美国，因为数据库少，他们的模型建得就不完善，准确度就很低，但如果在中国就不一样了，我们普普通通的楼可能就有几万个人进出。

大量数据收集起来，差异化这些东西你就会做得很好。

技术现在都一样，都基于同一种语言同一种模式，但你这个产品的应用一定比美国做得好。

智慧建筑行业

这个行业是一个很新的行业，打个比方，就像当年马车在马路上跑的时候，出现汽车这种状态。

现在是个变革的年代，对每家公司都有

机会，可能一个小公司，过几年，成为一个像阿里一样的大企业，就是看现在谁能抓住这个机遇。

Honeywell虽然是个500强企业，但它在智慧建筑这个起跑线上，与大家是平等的。

现在没有一家公司独大的，大家都在做，我听说阿里、腾讯都在做，Honeywell每年也投入很多的资金来做，包括一些小的初创企业也在做。

现在没有一家企业敢说，我的东西已经远远超过了别人，对大家都有机会，对大家都有挑战。

我感觉到我们做了这么多智慧楼宇，在软件开发方面的投入很大，包括平台方面投入，另外在应用方面的投入也很大，所以这个东西，在可预测的将来，很难有一家企业，一下子一家独大，就像摩拜一样。

一下子一家独大可能相对比较难，因为它专业知识比较多，智慧楼宇其实后面框架是一样的，你智慧楼宇的产品，工厂与这个也是有关系的，但是它们两个应用方面完全不同，就像我们给新国宾馆也是做了同样的智慧系统，人家总经理给我们反馈，你们的产品还是不适应我们酒店，你要去调整。

所以，这对大家都是一个机会，就看谁跑到前面，但是一旦做成了基于人工智慧的智慧大厦或者智慧工厂，它会大幅度地减少重复性劳动，对人员的培训也会大幅度降低，这样很多劳动力会释放出来。

将来一定会出现这种趋势。

二、项目网络工程师　周海

智慧建筑并没有这么简单

首先谈谈智慧建筑。

建筑也是在进步的，刚开始的建筑，能住人就行了，后来有了灯光系统，有了通信电话系统，接下来有了控制系统、门禁系统，再后面有舒适系统等，逐步进步到现在的建筑，很明显它与科技进步时刻在发展，现在的建筑我们通常称为智慧建筑。

怎么定义智慧建筑，首先它会收集各种各样的大数据，然后对数据进行一些分析，分析完数据，还不能称之为智慧建筑。

我们还要反馈，反馈给各种各样的部门的人，反馈给对应的管理人员，包括入住的人员，都能感受到这种智慧建筑的变化。

举个例子，我们现在有一套称为神经网络的系统，这是很伟大的一个技术发明，它通过一系列的数据的迭代，可以算出来一个特征模型。

很简单，系统可以把你的多种多样的画面录进去，然后能精确分辨出对应的是什么东西，甚至能定义出是什么人，这套东西在智慧大脑里马上就用起来了，很明显的一个应用体现在人脸识别、上门禁、人员智慧跟踪这些方面。

同样BA系统（BA系统全称楼宇设备自控系统）也很依赖人工智慧，它的特点我们分两步来说。

早期的时候，我们只是收集数据，把重要数据收集起来，呈现出来，体现在新大楼里面或者新的建筑里面，能看上去一目了然，这是第一步。

第二步进行数据分析，我们会把数据进行收集，再逐步分析，数据分析最终是要做反馈的。

比如最简单的空调系统，我们希望有一个反馈，假设空气里面的二氧化碳太高了，自动开启新风系统。

以前的那种智慧建筑，都是通过时间程序来控制，到什么时间开新风，到什么时间开空调降温，现在是根据环境实时动态变化的，温度高了开空调降温，温度低了就停掉。

如果是空气质量差，我们开启新风，如果室外环境很差，比室内还差，新风就不用开启了，这都是一些智慧方面的例子，这其实与科技发展是有关系的。

一方面是传感器在进步，第二个是数据分析在进步，第三个是数据的应用在进步，这都是比较重要的进步。

比如前面讲过的人脸识别系统，我们各个行业都在使用。除了BA以外，像门禁系统其实也是有很大的进步的。

最早的门禁系统就是刷卡，由于技术进一步发展，手机里面可以产生虚拟卡，然后可以刷手机。

再进一步，不光是靠外在的东西，卡、手机都是外在的，现在新的方式就是刷脸，刷脸这个功能就是与你的生物特征相关联的，指纹、刷脸都是一种科学技术对智慧大脑的形象提升，也是用户感官的提升。

大数据是基础

我们先是做好数据收集，整个大数据系统在这十几年也是在发展的。

前面刚开始的大数据，只是在收集，没有分析，分析在这几年真地在体现出来，数据分析应用体现在各种各样的方面，比如我们可以知道一些智慧大楼的当前的情况，实时报警，哪些东西有问题，哪些地方有入侵，瞬间就报警了。

然后这些反馈呈现在与你相关联的设备上，手机、穿戴的手表等，这都是大数据落地。

前面在云上飘，什么东西都在云上跑，跑完了这个数据要给大家能感受得到，要对大楼设施管理有影响，要让入住的用户有好的体验，大数据落地在这几年是非常快的。

宝业中心这个项目，因为持续周期有一点长，从设计开始到最后完成的整个过程中，技术也是在发展的，所以有新的方式，也有传统的方式。

大数据分析的应用，采用云上的收集系统，通过网络直接收集起来，对应的数据结果集中到云上，然后进行一些处理，通过APP的方式，让用户既能了解自己所处的位置的实时数据，又能了解整个大楼的实时数据，而且这个数据会被系统调用，做一些反馈，这就是一个典型的应用，是基于大数据的。

部署和整合应该尽早

我们参与宝业中心项目的时候，是有点晚的，他们很多东西都已经定好了，甚至在施工了，我们才参与到这个项目。

当时他们的领导来看过我们的一些产品，觉得比较先进，想用到宝业项目中。

等我们参与到整个系统的时候，发现确实有难度，他们每个系统都各成体系，各归各的，没有统一的管理平台。

我们参与进去以后，首先需要把平台所有的落地系统都管理起来，管理起来以后再把它呈现出来。

我们管理平台有自己的产品，然后再建立一个呈现平台，在大屏上呈现所有你关注的点，这些点不是呈现出来就完事了，还要给用起来，所以我们有一套物业管理系统，把这些必要的数据推给物业管理的APP，让他们实时处理一些数据，或者及时掌握一些动态。

我们进去的时候发现各个专业各成体系，各做各的，没有统一的标准接口。

实际上智慧建筑行业是有标准接口的，不提供标准接口的专业，可能是他们没有想到这里，大部分还是有的，我们参与进去的时候就与他们提过这方面的需求。

最后能改接口的都改了，实在没办法，我们就通过额外的协议转换器，帮用户处理这个问题，与用户沟通，也包括与分包沟通，最后达成一个比较全面的标准化的流程。

所以我们这个平台搭起来的时候，相对比较困难，但最终大部分工作都完成了。

专业接口是智能化设计、实施的痛点

实际上还有的专业甚至连接口都没有，他们有自己的一套体系，如果这套体系的数据是能够被外部采集的，我们还可以通过额外的方式去采集，加到我们的系统里面来，作为延伸，不能直接采集，就间接采集。

我们平台成本适当会加一点点，但是更多的可能是分包的成本要增加。

这需要Honeywell还有分包一起协调协商，该加的就加，这样一起来处理。

有些东西是标准的，只要它开放标准接口给我们，就不需要额外的成本，本着能省就省，但是绝不漏掉的原则，把需要的数据接口一个个都加进来。

好多标准都是从厂家先做起，最终推向整个国家或者行业。

目前来说，我们尽可能接近行业标准，比方说modbus协议或者BACnet协议，或者说TCP协议，然后想办法转成弱电方面的标准协议来做。

智能化设计与建筑设计的协同至关重要

我们当时对这个项目很重视，所以派出了几乎是最好的专业工程师，参与到前期的设计阶段，设计上基本没有什么太大的漏洞。

我们有软件方面的技术支持工程师，有BA方面的工程师等，都是比较专业的，在介

入项目方面的问题不大。

我们碰到的难题就是协议支持，这是最大的困难，需要经过反反复复地发函、协商、沟通，让各专业向标准靠拢。

另外一个难题就是我们要把监控系统直接纳入到我们的展示平台来，点一下对应位置就能看到对应位置的监控画面，以及周边的情况都能展示。

为了实现这一点，必须要把整个监控系统做进来，但是他们监控系统已经做完了，想把他们的系统纳入，要一个个点接入，这个接入也不是大问题，最大的问题是他们监控系统的时间不同步，差好几个小时的都有。

有的显示是早上九点，有的是晚上八点，这种情况下接入到我们这个系统是不行的，时间要同步才可以，所以接了好多次都接不进来。

后来我们找他们的技术部门，找厂家，经过多次沟通协商，才终于把这个问题解决了。

弱电系统所有的时间都要同步，一模一样，同步时间是很重要的事情。

还有一些小的细节，其实也很好玩，我们当时做展厅，平台计算机其实是放在机房的，展厅到机房有个二三十米远，正常我们会拉一根高清线，接计算机与大屏显示器。

由于当时布线的时候，我们参与的晚，这个线没布，只有两根网线，我们需要把网线转成高清接口。

这有多种方法，我们最后找了六七种不同的转换器，实验多次才找到一个非常稳定的。

实验的其他产品不稳定，一两天，最多一两个礼拜，或者更长一点时间就会出问题，最后找到最稳定的那种，定成我们用的标准，一直到现在都是很稳定。

上海宝业中心项目中的遗憾

最明显的不足就是我们参与的时机有点晚，存在很多前期就应该避免的一些陷阱，做的时候就暴露出来了，要改动很多东西，这是第一个不足。

第二个不足的地方，就是智慧化，因为这个项目不是今年或者去年做的，而是一个连续过程。

开始的时候，智慧化程度还不是最高最好的，像我们现在有新的智慧化的东西，有人脸识别系统，手机刷卡，有那种专门的访客系统，还有一些工位系统，灯光自动控制系统等。

当然宝业中心也有这种智慧灯光控制系统，但是与我们现在的相比，还是有很大的差异。

这是时间的问题导致的，确实是现在的技术在日新月异的变化，我们也很关注这方面的变化，跟随着新技术，立足于这种需求的基础上，持续不断地进行改进，才更有活力，你的方案才更有意思。

就宝业中心来说，由于项目的持续性问题，很多东西就不能再改了，所以有些最先进的东西，还不能够完全体现在上面，只能说我们把一些以前相对比较先进的东西推出去了。

上海宝业中心项目中的难忘之事

我们把空气传感器通过云方式来互联，还把部分服务器进行了虚拟化，这些服务器对业务是至关重要的。

改的时候怕出问题，总是在改之前做一个虚拟化的快照或者备份，万一有个什么问题就能快速恢复，包括用户维护也是这样的，现在需要改动什么东西都可以方便地进行恢复。

另外我们整个平台都是联网的，好多维护也是通过联网的方式进行维护，所以平时现场没有太多的人，但是我们时时刻刻在后台做着支持。

以前出什么问题，派个工程师到现场，出另一个问题派另一个工程师到现场，现在我们通过这种网络方式，把维护分配到每个专业的人。

有问题，我通知对应的专业人士来维护它，通过远程都可以维护，当然我们不希望它出问题，只是举个例子，但是实际上我们的ccs大屏展示平台，我们所有的工作大部分是由国外团队依赖一个网络框架来实施的，他们根本就没有到过现场。

连接：

宝业的建筑世界观

——展览展示设计总监　胡璋杰

上海宝业中心是宝业集团在上海的总部办公楼，位于上海虹桥新中心商务区二期开发的一部分。场地位于公路、铁路和航运交通枢纽的交汇点，也是人们在高铁从南面进入虹桥火车站前能看到的最后一座建筑，赋予了项目作为重要的城市空间的地位。而展厅又是位于大堂一楼空间，对于来往的观众而言就是宝业的脸面，如何把建筑、庭院、室内空间，内与外的连接是当时给我们最大的挑战。

作为一个有初心情怀、有匠心精神、有雄心战略的上市企业，宝业在中国建筑工业化的道路上，留下了自己深深的脚印，走出了长长的道路，累积了厚厚的心得。

这些脚印，这些道路，这些心得，在“道”的层面上，体现了宝业深刻的建筑世界观。在“法”的层面上，展现了宝业深层的建筑方法论。在“术”的层面上，呈现了宝业深厚的建筑技术力。

在建筑工业化的春天正在来临的时候，宝业的建筑工业化之路的这些道、法、术，特别值得总结，特别值得推广，特别值得展示给行业内外、企业内外的决策者、执行者、参与者一起学习、一起思考、一起探索。

设计理念

对于如此重要的空间，将重新定义它的属性。世界，世：就是时间；界：就是空间。建筑，就是一门在有限的时间、有限的预算、有限的场地里构筑有限的空间的艺术。对这门艺术的理解，就是建筑工业化，就是“连接”。

空间法则

上海宝业中心展厅面积300m^2，呈明显的锐角，空间有限，位置重要，是一个绝佳的形象展示地和天然的声音放大器。

在展示方法上，我们考虑了几个基本的原则：

1）开放性。把传统展厅的封闭变为半开放，参观变为参与。

2）易懂性。用核心展项，一目了然地让用户明白建筑工业化的核心理念、带来的巨大好处。

3）简单性。少就是多，不做加法，尽量做减法，用核心展项突出主题，不搞面面俱到，不搞多媒体的堆砌。

4）知识性。关于建筑工业化的迷你博物馆。

5）艺术性。越是技术性的指标和冷冰冰的行业，越是需要用艺术性的语言和有温度感的形式加以表达，气质才能卓尔不凡。

6）体验性。让观众难忘，愿意二次参观，是一个展厅的最高境界，哪怕只有一个展项。

7）互动性。因为在办公楼，应该可以做一些小小的活动。变展场为课堂，变展场为秀场，变展场为卖场。

基于这七个空间法则，在结合现场环境发现有“三多”——玻璃多、自然光多、柱子多，所以我们提出了“开阔的空间尽量不把它封闭起来”，“明媚的自然光尽量不把它遮挡起来”，“一目了然的空间，尽量不要一眼看穿一切”。

内容层面

整个展厅分为四个部分：

1）“理念篇/连接之美”

建筑是一门关于连接的艺术。

2）“材料篇/材料进化”

建筑连接材料的进化，以及进化带来的难题。

3）“方式篇/装配革命”

建筑工业化是一场连接方式的加速和革命。

4）“生活篇/明日生活”

建筑工业化带来未来美好生活。

理念篇/连接之美

1）设计是一种连接。

独具特色的建筑外观、建筑空间、建筑设计是通过不同材料、不同形状的连接设计生成和实现的。没有连接件的设计，就没有不同建筑美学的生成。

2）施工是一种连接。

无论是传统建筑时代的框架建构、固体砌筑，或工业文明以来的建筑材料、建筑工艺革命，还是信息化时代的建筑工业化、装配化，都是基于总体设计方案的不同材料、不同工种、不同部品、不同组块、不同公司、不同流程的连接化，以及连接效率的进化。

3）建筑本身就是连接。

从不同材料、不同技术的硬连接，建筑与水、建筑与电、建筑与信息的湿连接，再到未来信息化、智能化、物联网化的建筑，功能材料与信息材料、硬件与软件、人流与物流、原子世界与比特世界的软连接，建筑正在加速有机化、连接化。

材料篇/材料进化

迄今为止的建筑史，就是一部不同材料的连接史。

1）连接的广度。工业革命导致建筑新材料、新连接不断涌现。

2）连接的宽度。混凝土框架、钢框架、网架结构、悬索结构、壳体结构、管桁架、膜结构等现代建筑结构的出现，导致现代建筑空间、跨度和体量越来越大。

3）连接的密度。建筑空间的不断扩大，建筑材料的不断丰富，建筑功能的不断增加，导致现代建筑的材料密度、施工难度、复杂程度空前提高。

方式篇/装配革命

1）连接方式。连接世界的十九种方式。

编织、堆砌、粘合、镶嵌、锔钉、焊接、浇接、支承连接、榫卯连接、绑扎连接、栓接、铆接、夹接、拉接、穿套式连接、卡槽式连接、点式连接、托式连接、销式连接。

2）乘数效应。一个数学原理：连接节点的乘数效应 。

一个制品的零件数目和这些零件之间可能的接口数成指数关系。每增加一个个接口和潜在节点，都是对工艺的巨大挑战甚至是技术危机。天文数字般的连接节点，会造成最终组装地点的极度阻塞，对工程的进度、质量、成本、效率、维护造成致命影响。

3）装配革命。建筑材料本身成为连接体。

①化零为整，从连接单件到连接组件。

②预制一切，从现场施工到现场装配。

③建筑即连接，从施工到装配，从建筑农民工到产业工人。

④从重力法则到拼接法则。

4）流程革命。BIM原子世界和比特世界流程胶粘剂。

鼠标加水泥，建造到制造。

建筑工业化是建筑信息化的一部分。设计、预制、施工能够同步进行分布式生产的核心是BIM等信息化工具带来的全流程变革。BIM也是连接体。

5）巨大效能。建筑工业化的巨大好处。

①效率。建筑工业化产品，寿命可增加到百年以上。

②成本。建筑工业化产品节材20%以上，节地（增加使用面积）7%~10%，节约人工40%以上，缩短工期三分之一。

③能耗。建筑工业化产品节能65%以上，节水60%以上，减少建筑垃圾70%以上，大幅降低PM2.5排放，降低碳排放70%。

④替代式维护。

生活篇/明日生活

1）装配课堂。宝业装配式建筑课堂，播放相关视频、演讲、纪录片。

2）明日之家。（BY HOME）建筑师竞赛：征集15个建筑师设计未来装配式住宅、生态化、工业化、智能化空间。

3）手绘天地。征集上海公司员工子女手绘绘画作品，布置并定期更换于公共空间。

核心展项

机械臂不仅能造车，还能演舞台剧？

在尾厅我们创造性地选择了机械臂作为宝业展厅的核心展项，并设计和实施了国内首创的双轨机械臂影像秀影厅，两块LED屏幕通过机械手臂的移动、组合，很适合表现“拼装”和“连接”的展厅主题，此展项甚至获得了国家专利和署名权。

我们打造了一个围合的多维度沉浸式空间，它不是简单采购两台机械臂就能完成的，机械臂也只是整个空间其中一个载体而已。它由三部分构成，其一，整个空间的背面是通过相当复杂的工艺将LED阵列和装饰面相结合而形成的，目的是为了营造整个空间的氛围，渲染情绪。

其二，展项中间的核心部分，我们采购了两台机械臂，并且设计了两条滑轨，组成了一个可变式的机械手臂影像载体，它会配合影片的内容做出相应的动作，呈现酷炫的裸眼3D的视觉效果。

那我们为什么要选择机械手臂这样的呈现方式呢？除了上面的功能作用，它也展示了宝业的建筑自动化含义，因为宝业传承的是“像造汽车一样地去造房子”这样的品牌精神，我们所有的楼板、窗户、楼梯、墙体都是在工厂中预制好，在现场去拼装，而机械臂就代表着这种工业感和未来感的的建造模式。其实哪怕它是静态的，机械手臂本身的固有载体也能将宝业品牌展现得淋漓尽致。举个例子，如果我们展厅哪天要是断电了，它静态地放置在空间，呈现的一样是工业的美感，一样是宝业自身产品的特色，一样是未来建筑的建造模式，所以种种原因它将成为整个展厅的重要展示亮点。

除此以外，我们设计了一套精密的程序，这套程序与影片相结合，打破了以往传统的观影方式，不再是16：9的一个固有的传统载体，不再是乏味的感应体验。三轴联动的机械臂，就像是人的手臂，它有关节，不同关节之间是可以变化的，是能转动的。这些转动结合了影片的内容，结合了宝业的品牌理念，再一次突出我们连接的概念，手臂与手臂之间的连接，画面与画面之间的连接，内容与内容之间的连接，观众与展项之间的连接。

其三，在机械臂的下方我们还设计了地面投影，打破传统展厅展项的表现方式，引入舞台剧的概念。舞台剧都会有报幕的过程，而地面投影就承担着这样的作用，在展项演绎过程中，也会有多个内容篇章，这些篇章名都会通过地面影像的方式去呈现，为观者提示影片的关键信息，以烘托观影氛围。

总的来说，地面投影告诉观众每个篇章的关键信息，背景的阵列LED起到了气氛的烘托，中间部分的机械臂加轨道起到的是内容的传递，三者结合在一起，LED显示屏在机械手臂的掌控下随意飞行、拼接、拆分和旋转，再加上酷炫的灯光和富有节奏感的音效点缀，这些就组成了我们最核心的展项。静态的时候它就是一种工业的美感，动态的情况下表达的是“连接”的概念。最终我们想传递给来到这的每一个观众，不光是产品的直观体现，更多的是在品牌层面，精神层面的升华。

空间的可持续性

整个项目用了半年左右的时间探讨和沟通，经历了两个多月时间的深化设计，再进行了半年多的施工落地，最终形成了现在的展厅。之前有人问过，宝业展厅是什么时候完工的，我们认为它至今是没有完成的，因为它是一个延续品。这种没有完成，不是说它的空间层面，而在于他的精神和他的内容，一直在继续，永远没有结束，是一个可持续性的展示空间。

尾声：

建筑是遗憾的艺术

——宝业集团上海公司总经理　夏锋

在了解整个宝业项目的过程中，我们和宝业集团上海公司的夏总做了一次对话，了解到宝业对设计、文化、项目本身与行业的看法。这次简短的对话作为本书的结尾总结，非常合适。

上海宝业中心是个非常大的项目，那为什么这样的大项目会选择零壹城市这样一个年轻的团队？在建筑行业往往不是论资排辈吗？

其实选择零壹城市是一个机缘巧合，但是促进我们做出决策，选择他们的原因主要有两点。一是年轻，思路非常开阔，有创新和探索精神。二是核心团队大多是海归，具备国际化视野，接受了国际上很多先进的理念。所以从未来的发展方向来说，可以在国际化背景下把很多元素结合起来，进行有效的创新。这也是最后在项目整体交付的时候，体现出来的价值，所以选择零壹城市这样一个决策可以说是无怨无悔。

在项目推进过程中，为达到更高的要求和目标，设计周期较长，设计成本和最终交付成果是否达到了上海宝业的要求？

总体上达到了。可以讲整个项目的成本还是控制在预算范围之内，而且某些点上、某些分类和专项方面还比原先的预算大大地降低。当然降低了之后，也不是说我们一味地追求低成本和性价比，反而在总成本得到有效控制下，我们在另外的一些方面进行了突破并成功应用。在设计创造价值方面，零壹城市给我们提供了很多帮助和支持。

如何看待上海宝业中心文化与设计的结合？

文化是一个很重要的元素。在项目初期，我们很明确地在设计任务书中，要求体现宝业和绍兴的文化。

第一个方面需要体现宝业文化中的三位一体即建筑施工、房地产开发、建筑工业化，同时也是资本、科技和实业的三位一体。所以上海宝业中心的布局正好是ABC三个单元，通过廊桥相连，进行有效的整合。

第二个方面需要体现绍兴的本土文化。绍兴是水乡也是桥乡，有东方威尼斯的美誉。我们在建筑造型、建筑外立面、建筑功能上都需要进行体现。最核心的是我们在做设计要求时，明确表示上海宝业中心需要代表宝业45年以来在建筑业方面集技术、工艺、材料及设备方面的大成，这是宝业最大、最优秀的一个样板工程。所以我们有一个明确的要求，即这个项目是建筑科技和建筑艺术的高度融合。

所以在这个严格的要求之下，我们进行了很多的探索和探讨。过程中有非常艰辛的反复推敲，甚至是一稿又一稿地推翻方案，但最终凝聚出来的作品，还是呈现得比较完美。

在项目推进过程中，宝业一直有着完美主义和理想主义追求的影子，您有没有遇到很大的挑战和困难，您能谈下您自己的感触吗？

在项目推进过程中，的确遇到很多问题，比如很多新材料、新工艺、新设备的应用，这些我们以前都没有尝试过。应用过程中还会遇到成本方面的、性能方面的、功能方面的、采购供应商管理方面的、市场方面的诸多问题。每一个挑战和问题背后都是一段故事，可能有彷徨、有犹豫，不是简简单单想想就能去做的。回忆起来感慨颇多，项目推进不仅仅是靠我们自己，还依靠我们的合作方，如有国际的合作伙伴、有国内顶尖的科研院校、有长期合作的战略伙伴等。我们联合在一起，围绕目标，不断地超越，追求卓越，克服面前的困难。运用装配式生产制造、建造并与智能化楼宇和绿色低碳健康环保的高性能结合起来的严格目标，最终还是被我们顺利攻下来了。

一点一点走过来，我们花了很长时间去精心打磨这个项目。印象最深刻的还是建筑外立面的GRC幕墙系统，系统把保温、遮阳、门窗、照明等都结合在一起，这是非常需要魄力和执行力的。前端设计就要系统性地考虑到位，工厂生产要批量化地制造，安装要高效无误，三个阶段衔接有序的同时还要达到绿色节能，对接国家标准和国际标准，很难。做GRC幕墙的过程让我最难忘，我们花了大量的时间去世界考察、调研，做技术交流，探讨合作，甚至还做了大量的实验来确保最后的成果是理想的。

当时拿地时，我听说故事很多，很多人都不看好这块地，而且地块的形状、面积等各方面的情况都不是很好，作为甲方来说，是怎么考虑的？

拿地的话，当时我们主要考虑了以下几点。第一点，还是看好这个区域未来的发展。我们研究了上海的十三五规划和国家战略，其中长三角一体化是我们拿地的一个重要因素。第二点，地块本身的形状包括制约的一些不利因素在我们看来，通过专业化分工和技术可以进行有效处理，将地块变废为宝，当然这非常考验我们的能力。第三点，周边还有一些其他的影响因素，我们也是通过充分的沟通，尽可能地创造有利条件进行开展工作。

对这样一个结合装配式、GRC幕墙系统、绿色节能、智能化的建筑，甲方管控的关键点在哪里？为什么能呈现出这样一个满意的结果？

最核心的还是大家都志同道合，都想打造理想中的完美的建筑。无论是材料也好，还是各个专业分包也好，甚至部品部件供应商也好，其实大家在理念上是相同的，即做这个项目不是为了赚多少钱，而是希望能做出朝着未来探索的建筑，到底能做到具有多少的特定价值和意义，当然做好了肯定会名利双收。我们各方在里面都倾注了大量的精力和财力，在这样一个目标下，即使有问题、纠纷、麻烦，也会迎刃而解。最关键的是目标要一致。

我们在采访零壹城市、霍尼韦尔等公司的时候，我们也很疑惑，到底他们是怎样说服甲方做这样的项目能做这么长时间，在国内建筑业当前业态下不可能存在这种事情。后来他们都是这么说的，我们和甲方在高度上是非常统一的，所以大家在做的时候不仅仅是做完就了事，而是要做出地标性的建筑。作为甲方，您怎么看待他们的说法？

很多时候大家开会讨论，并不是说我们是甲方、业主，就听我们的，我们想怎么样就怎么样，而是谁有道理和充分的理由，都可以呈现出来，自由发挥，你说OK，我们就听你的，这样的沟通方式很重要。到了最后拍板的时候，可能某些决策站在某些专业方面来说不是最合理的，但是站在全局角度来说是更合适的，大家会进一步提出自己的看法去深入讨论。这样的沟通机制不会失去主线方向，也不存在不可协调或者难以解决的矛盾和冲突，因为大家都是站在全局的角度想着如何把这个项目做得更完美。

您在项目中有什么遗憾吗？

遗憾肯定有，而且很多。假如重来一次，我相信这个作品会更加完美，细节上有不少遗憾，比如各方的连接。其实我们展厅的主题就是连接，展示了材料的连接、工艺的连接、技术的连接、设备的连接，甚至是空间的连接。最后我们还上升到人与人之间的连接，我们和伙伴之间的连接，甚至是我们与未来的连接。在连接方面，其实我们有一些地方还可以做得更加到位。随着项目实施，暴露了一些问题，出现了一些遗憾。

比如装修方面。我们处理起来比较简单，并没有完全考虑周全。

比如技术集成方面。随着时间的推移，大量新技术会不断呈现出来，我们在这一块的预留或者说留白做得还不够。当然也考虑了一些，装修时我们也强调布局不要做得太满、太实，因为企业和人的认知都在发展，等到技术发展成熟时我想明白了，还可以再添加布置。

比如与艺术结合的方面，就是跨界方面，我觉得还可以再进一步提升。昨天我们接待了西班牙的一批艺术家，他们对空间艺术、园林艺术，甚至是循环经济变废为宝方面有着独特的见解和看法。如果能融合，我个人觉得我们上海宝业中心的艺术性还能得到很大提升。

所以永远有遗憾，永远做不到完美。只有是在追求完美的道路上不断地前行。

结合装配式建筑和BIM技术，上海宝业集团下一步的规划是什么？

整体的战略规划上，刚才我也提到了三位一体的模式。科技、资本、实业三者缺一不可，实业型企业要发展离不开资本，资本方面离不开科技和人才，甚至也离不开脚踏实地地以工匠精神来做的每一件事情。

其实从宝业集团的发展来说，第一个则是符合我们国家改革开放40周年中的三大核心因素。

1）工业化。我们各行各业都在享受工业化的红利。我们的衣食住行方方面面，与四十年前相比发生了巨大变化，这是各行各业工业化发展的结果。

2）城镇化、城市化。我们的房地产和配套设施、大量的基础设施，在城镇化、城市化的发展中发生了巨大的变化，我们在不知觉中享受着其中带来的红利。

3）技术创新。在每个行业中，我们不断地享受技术创新赋予我们的红利。宝业集团在建筑行业已经有45年了。在这45年里面，我们始终围绕着、聚焦着我们的主业去开展工作，没有飘来飘去地那赚钱就去那开展工作，这看似更赚钱又突然转到这来做。我们不为那些诱惑所动，还是踏踏实实把自己的主业做精、做强。

第二个，我们往国际化方向发展。与世界上发达国家的龙头企业进行国际化合作、合资，共同研发一些具有先进技术的产品。这样，我们就能以最快的速度，提升我们的能力。宝业集团装配式建筑的发展，说到底就是我们在追求企业健康发展的同时，围绕科技赋能、国际化合作，给予自己充分的发展养分，并不是说把昨天的成功一味地复制下去，因为昨天的成功可能就会变成今天的失败。我们要始终坚持国际化，并且不断地去适应这个行业在国家统筹下的发展规律，提前布局，提前做好准备。

能否具体举个例子说明宝业集团下一步的规划措施。

从建筑业发展历程来说，碎片化发展的现象非常严重，但我们还是坚持主业，围绕科技赋能开展工作，这里我就举一个例子，叫跨行业的对标。汽车行业其实是系统化集成度非常高的行业。我们有过统计，一辆丰田汽车，集成了大概3万个零部件，但这些零部件是在世界各地生产，最后到一个总装车间去装配，可以说专业化细分程度非常高。而一栋精装修别墅或住宅，大概有8万个零件，比汽车复杂，比飞机简单。那么我们今后的建筑工业化也与汽车会相差无几，部品部件专业化工厂生产，然后到现场进行高效安装。组装的部品部件可能来自于世界各地，组装的过程中对周边环境影响小、效率高、周期短，质量也能得到有效控制。这样生产的房子各方面的性能肯定超过当今人拉肩扛手工打造的房子，可以说这是另一个时代。所以建筑行业未来发展的空间巨大，市场巨大。我们就是朝着这样的方向前进。

如何看待新技术以及带来的新岗位。

对于新技术其实不用谈很多，里面存在一种必然性。因为作为企业来说，肯定是要去适应社会的变化，要去拥抱，去集成，甚至去融合新技术，而且还要主动积极，要不然很快就会被淘汰。那么至于新技术所带来的岗位，我觉得围绕建筑业或者我们开发商的角度来说，就是多专业融合与信息集成。这两样其实与工业化进程和IT技术发展息息相关，信息也与数据密切相关。

工业化的一个重要的特征对于我们来说有两个：一个是机械化，用机器来代替劳动力，释放大量劳动力。第二个就是用数据来协同各个环节，来高效促进沟通交流的频率，甚至是为我们的管理决策提供很重要的依据。要将工业化推进下去，就是如何让机器来进行高效自动地生产，数据的传递必须要精准，必须要全面。那么信息化这一块，每个岗位都会进行高度的融合。所以我觉得接下来的一个方向就是大量的无人工厂，大量的管理岗位与信息化的结合，不再是靠着人为的经验、记忆以及各种会议去推进工作。人工智能会自动处理分析，指挥生产，可能有些过程会需要一定的编程。

新的岗位在原来的岗位的基础上，肯定会有多专业的融合，对于多专业的复合性人才需求会越来越大。但目前来说，新岗位虽然在不断融合多专业，但也不会有太大变化。BIM在目前来说也不算新岗位，很早就已经有了，但目前它在项目管理中的重要性无疑增强了很多。当你有BIM技术这种能力，或者有这样的部门去做相应工作的时候，会给未来项目真正实施时带来很多效益，或者说带来很多贡献。另外一些新工艺、新设备，甚至科研新成果带来的新岗位，我个人觉得新岗位会开始逐渐与国际交流合作对接，也需要这样的人才能在新岗位上去做这样的事情。

在新技术发展的时代中，年轻人的职业生涯发展规划是怎样的？

我觉得我们对于岗位认知很容易有非黑即白的想法，意思是时代变了，老岗位就过时了，就淘汰了，或者认为老岗位不重要了，也不需要了。其实不是的，没有夕阳的行业，只有夕阳的企业，每个行业都可以做得很极致，像世界上有很多存活了几百年的企业，你说他一直在做的是什么，可能就是做一个瓷器、做一个勺子，甚至是昨天我接待的西班牙的一个企业，200多年就只做雕塑，一做就做200年。假如按照这样的思维的话，职业生涯规划是很好做的，市场非常大，关键是看我们怎么去结合。新的岗位会有，但是比例极小，不是说新岗位一出来就是铺天盖地的，而且要淘汰老岗位。就像现在送外卖、送快递，以前也有，只不过现在新技术的发展，让这些岗位甚至行业变得更有价值。我个人感觉的话，在原有岗位基础上，再添加新技术、新工具，会让原来的岗位释放出更多的价值空间。

个人的心声

我非常希望在有生之年留下一些建筑作品，这些建筑作品能描述成凝固的音乐，具有美感，具有代表性，是经久不衰的。所以我们在做项目的时候，不仅仅是为了做项目而做项目，更多地是结合了很多的科技，结合了很多的人文，甚至历史、民族、文化等方面的传承，甚至是我们对于未来的探索。我们结合了很多各行各业的可能与建筑不相关的多元化的元素，将之融合了进来，最后是能做出让时代铭记的、让客户满意的、让我们自身满意的建筑作品。上海宝业中心可以算半个，接下来我们期待做出更多的超越上海宝业中心的建筑作品出来。